Dr. M. Rajasekar
B. Pavithra

Dispositivos termoelétricos: Princípios e aplicações

Dr. M. Rajasekar
B. Pavithra

Dispositivos termoelétricos: Princípios e aplicações

ScienciaScripts

Imprint

Cover image: www.ingimage.com

This book is a translation from the original published under ISBN 978-620-8-06376-4.

Publisher:
Sciencia Scripts
is a trademark of
Dodo Books Indian Ocean Ltd. and OmniScriptum S.R.L publishing group

120 High Road, East Finchley, London, N2 9ED, United Kingdom
Str. Armeneasca 28/1, office 1, Chisinau MD-2012, Republic of Moldova, Europe
Printed at: see last page
ISBN: 978-620-8-12238-6

Índice

1.1. INTRODUÇÃO

O crescimento dos aparelhos portáteis e os desenvolvimentos tecnológicos aumentaram a pressão substancial sobre os actuais problemas energéticos. Este problema pode ser compensado pela produção de eletricidade a partir de fontes renováveis. Uma vez que as fontes de energia não renováveis contribuem significativamente para a emissão de dióxido de carbono (CO_2) e para a descarga de calor. As fontes de energia primárias, como as centrais nucleares, as centrais térmicas, as incineradoras de resíduos, o gás natural e os automóveis, utilizam 34% da energia numa conversão benéfica e o restante é considerado como perda de energia ou calor desperdiçado. Por conseguinte, é obrigatório procurar recursos alternativos de recuperação de calor e sem radiação. A exploração de métodos eficientes e limpos para a produção de energia é um projeto significativo, uma vez que a utilização maciça de combustíveis fósseis para a produção de energia já trouxe sérios problemas ambientais, como o efeito de estufa.[1] Os dispositivos termoeléctricos podem resolver as principais dificuldades acima mencionadas e abrir caminho para um ambiente livre de poluição. A conversão direta de energia térmica em energia eléctrica é designada por termoeletricidade, em que a energia é gerada ligando os materiais do tipo p e do tipo n em série com o gradiente de temperatura. A difusão do portador de carga para atingir o equilíbrio térmico devido ao gradiente de temperatura, a diferença de potencial entre as junções quente e fria foi desenvolvida, o que pode gerar eletricidade.[2]

A termoeletricidade é englobada por três efeitos diferenciados que levam o nome dos cientistas que os descobriram no final do século XIX: os efeitos Seebeck, Peltier e Thomson. Entre eles, o efeito Seebeck explica a transformação de calor em eletricidade e consiste na geração de uma diferença de tensão ao longo das extremidades de um material cujas extremidades são mantidas a temperaturas diferentes, (ex. gerador termoelétrico - TEG) Enquanto o efeito Peltier explica o arrefecimento de uma junção e o aquecimento da outra quando a corrente eléctrica é mantida num circuito de material constituído por dois metais dissimilares. (por exemplo, o arrefecedor termoelétrico - TEC). Os dispositivos termoeléctricos oferecem soluções únicas de produção de energia para a recolha de energia de calor residual. São pequenos, silenciosos e não têm partes móveis, o que os torna adequados para uma variedade de aplicações de engenharia, incluindo a produção de eletricidade a partir de calor residual de veículos para melhorar a economia de combustível em veículos e a recuperação de calor residual industrial para alimentar sensores e redes sem fios para comunicar e recolher dados de sistemas de engenharia. No entanto, os TEG disponíveis no mercado são planos, inflexíveis e estão disponíveis apenas numa gama limitada de tamanhos. Os esforços para os incorporar em componentes com superfícies curvas, como tubos de escape, carcaças de bombas, linhas de vapor, recipientes de mistura, câmaras de reação, etc., exigem permutadores de calor feitos à medida. Isto aumenta o custo e é trabalhoso, para além de apresentar desafios.[3]

Os estudos também destacaram que o mercado termoelétrico deverá aumentar de 51,9 milhões de dólares em 2019 para 96,2 milhões de dólares em 2027, com uma taxa de crescimento anual composta (CAGR) de 8,0%. Esta procura resulta do aumento das aplicações nos sectores industrial, automóvel, da saúde, da microeletrónica e aeroespacial. As vantagens da utilização destes materiais prendem-se com a poupança de energia (por exemplo, em muitas aplicações, as baterias convencionais podem ser substituídas por estes dispositivos, como é o caso dos sistemas de segurança termoeléctricos em apartamentos), a reutilização do calor residual (por exemplo, o calor disperso pelo motor de um veículo pode ser utilizado para alimentar diferentes acessórios do automóvel) e a redução das emissões de gases com efeito de estufa, das fontes não renováveis e da utilização de combustíveis fósseis. Até 2027, foram previstas diferentes taxas de crescimento para os domínios de aplicação dos TEM (industrial, automóvel, elétrico e eletrónico, saúde e outros). O sector automóvel e o sector elétrico e eletrónico são os domínios em que o mercado está a crescer mais rapidamente; o valor do CAGR é de cerca de 9,7% para ambos, ao contrário dos outros domínios em que é inferior. Estes livros abordam o princípio básico de funcionamento e as versões actualizadas do dispositivo termoelétrico e a sua recente aplicação nos dias de hoje, bem como novas vias para inovações futuras.[4]

1.2. EFEITO TERMOELÉCTRICO

O efeito termoelétrico é a conversão direta de diferenças de temperatura em tensão eléctrica e vice-versa através de um termopar. O termo efeito termoelétrico ou termoeletricidade engloba três fenómenos identificados separadamente, conhecidos como **efeito Seebeck**, **efeito Peltier** e **efeito Thomson.** Tradicionalmente, o efeito termoelétrico pode também ser designado por **efeito Peltier-Seebeck.** Esta separação deriva das descobertas independentes do físico francês Jean Charles Athanase Peltier e do físico estónio-alemão Thomas Johann Seebeck. O aquecimento de Joule, o calor gerado sempre que uma diferença de tensão é aplicada a um material resistivo, está de certo modo relacionado, embora não seja geralmente designado por efeito termoelétrico (e é geralmente considerado como um mecanismo de perda devido à não-idealidade dos dispositivos termoeléctricos). Os efeitos Peltier-Seebeck e Thomson são reversíveis, enquanto o aquecimento de Joule não o é.[5]

1.2.1. EFEITO SEEBECK

Em 1821, Thomas Seebeck, um físico alemão, descobriu que quando dois fios de metais diferentes (Seebeck utilizou cobre e bismuto) são unidos em duas extremidades para formar um circuito, é desenvolvida uma tensão no circuito se as duas junções forem mantidas a temperaturas diferentes. O par de metais que forma o circuito é designado por termopar. A conversão direta das variações de temperatura em tensão eléctrica e vice-versa ocorre através de um termopar. O efeito é devido à conversão de energia térmica em energia eléctrica (Figura 1). O efeito Seebeck também pode ser invertido. Por exemplo, quando as junções frias e quentes do circuito são trocadas, o sentido da corrente também muda. Portanto, o efeito termoelétrico é um processo reversível. A magnitude e o sinal do EMF do termopar dependem dos metais (materiais) utilizados e da temperatura da junção quente e fria.

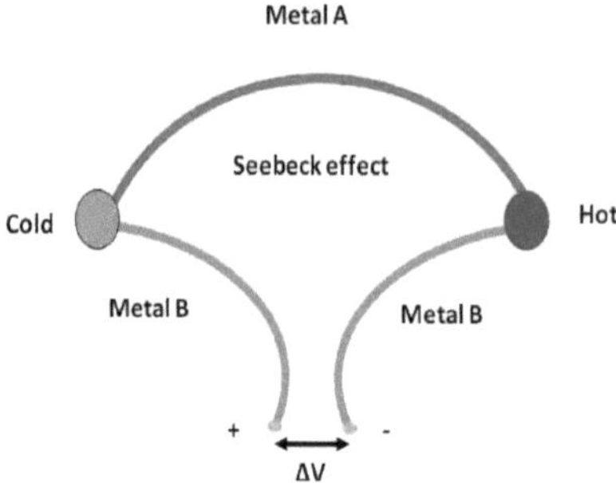

Fig. 1. Efeito Seebeck

A tensão termoeléctrica (V) gerada é dada pela equação,

$$\boldsymbol{V} = (\boldsymbol{S}_A - \boldsymbol{S}_B)\, \Delta T,$$

em que S_A e S_B são os coeficientes de Seebeck dos materiais A e B, respetivamente, e ΔT é a diferença de temperatura entre as junções.

1.2.2. EFEITO PELTIER

Em 1834, Jean Peltier, um relojoeiro francês, descobriu um segundo efeito termoelétrico. Se uma corrente fluir através de um circuito que contenha uma junção de dois metais dissimilares, provoca a absorção ou a libertação de calor nas junções. O calor é libertado ou absorvido em função dos pares de metais e do sentido da corrente. O fenómeno da evolução do calor é diferente do calor de Joule, uma vez que o efeito Peltier é um processo reversível, enquanto a perda de Joule é irreversível (Figura 2). Se o sentido da corrente na junção for o mesmo que o sentido da corrente de Seebeck, o calor é libertado se a junção de Seebeck estiver quente ou absorvido se a junção estiver fria. Assim, para um termopar de cobre - constantan, se o fluxo de corrente na junção for de cobre (+) para bismuto (-), o calor é absorvido. Ao mudar o sentido da corrente, o calor será libertado na mesma junção, mostrando que o fenómeno é reversível.[6]

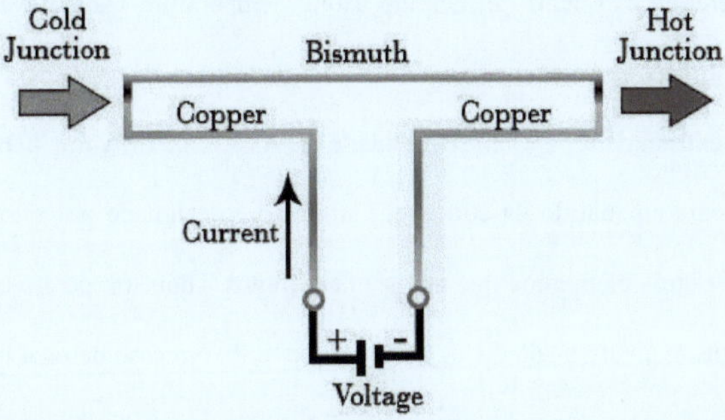

Fig. 2. Efeito Peltier

O calor de Peltier, (Q), absorvido ou rejeitado pela junção é dado pela equação,

$$dQ/dT = (\Pi_A - \square_B),$$

Em que Π_A e Π_B são designados por coeficiente de Peltier dos materiais A e B, respetivamente, e I é a corrente que atravessa os materiais. O coeficiente de Peltier representa a quantidade de calor absorvida pelo material quando a corrente passa através dele.

1.2.3. EFEITO THOMSON

William Thomson descobriu um terceiro efeito termoelétrico que estabelece uma ligação entre o efeito Seebeck e o efeito Peltier. Thomson descobriu que quando uma corrente passa através de um fio de um único material homogéneo ao longo do qual existe um gradiente de temperatura, o calor deve ser trocado com o meio envolvente para que o gradiente de temperatura original possa ser mantido ao longo do fio. (A troca de calor é necessária em todos os locais do circuito onde existe um gradiente de temperatura). Este efeito é reversível (Figura 3).

Considere-se uma barra grossa de cobre AB cujas extremidades são mantidas à mesma temperatura e o centro é mantido a uma temperatura mais elevada. Quando a corrente flui através da barra a partir das extremidades A e B, verifica-se que o calor é absorvido na extremidade A e na extremidade B. Assim, há uma transferência de calor devido à corrente no sentido da corrente. Este facto é designado por efeito positivo de Thomson. Os outros elementos que apresentam efeitos Thomson positivos são o Cd, o Zd e o Z Thomson positivo são o Cd, o Zn, a Ag e o Sb. No caso de uma barra de Fe em condições semelhantes. Quando a corrente flui nesta barra de A para B, o calor é desenvolvido em A e o calor é absorvido em B. Assim, há uma transferência de calor devido ao fluxo de corrente e ocorre na direção oposta à direção em que a corrente flui. Este fenómeno é designado por efeito de Thomson negativo. Os outros elementos que apresentam um efeito Thomson negativo são o Fe, o Co, o Ni, o Pi e o Hg. No caso do chumbo, o efeito Thomson é nulo.

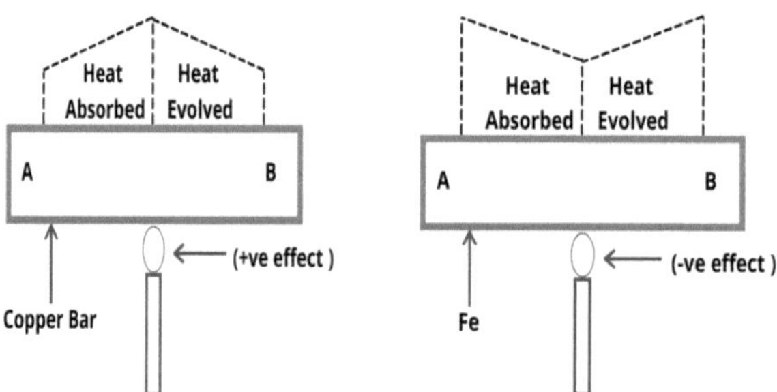

Fig. 3. Efeito Thomson

1.3. PRINCÍPIO DE FUNCIONAMENTO DOS DISPOSITIVOS TERMOELÉCTRICOS

Os dispositivos termoeléctricos oferecem soluções únicas de produção de energia para a recolha de energia de calor residual. São pequenos, silenciosos e não têm partes móveis, o que os torna adequados para uma variedade de aplicações de engenharia, incluindo a produção de eletricidade a partir de calor residual de veículos para melhorar a economia de combustível em veículos e a recuperação de calor residual industrial para alimentar sensores e redes sem fios para comunicar e recolher dados de sistemas de engenharia. Servir de ponte entre os materiais termoeléctricos (TE) e os produtos TE aplicáveis. Os dispositivos TE devem ser adequadamente concebidos, projetados e montados para atender ao desempenho exigido dos produtos TE para refrigeração (refrigerador termoelétrico) e geração de energia (gerador termoelétrico). Os geradores termoeléctricos (TEG) e os frigoríficos termoeléctricos (TEC) são atractivos porque não têm partes móveis e não afectam o ozono. Um TEG funciona com base no princípio do efeito Seebeck, enquanto um TEC funciona com base no efeito Peltier.[7]

Um TEG converte calor diretamente em energia eléctrica de acordo com o efeito Seebeck. Neste caso, o movimento dos portadores de carga (electrões e buracos) leva a uma diferença de temperatura através deste dispositivo. O dispositivo TEG é composto por um ou mais pares termoeléctricos. O TEG mais simples consiste num termopar, constituído por um par de termoelementos ou pernas do tipo P e do tipo N, ligados eletricamente em série e termicamente em paralelo. A diferenciação entre materiais dopados com N e P é importante. A perna do tipo P tem um coeficiente de Seebeck positivo e um excesso de buracos h^+ . A perna do tipo N tem um coeficiente de Seebeck negativo e um excesso de electrões livres e^- . As duas pernas estão ligadas entre si de um lado por um condutor elétrico que forma uma junção ou interligação, geralmente uma tira de cobre (figura 4).[8]

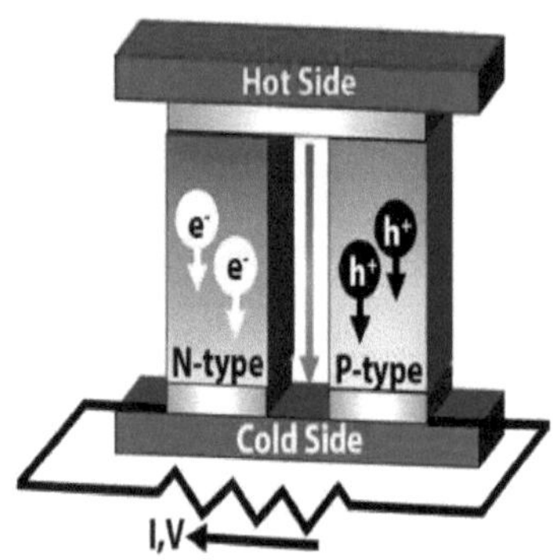

Fig. 4. Esquema de um módulo termoelétrico

Denotemos a tensão no terminal exterior ligado à perna do tipo N do lado frio do TEG como V_2 , enquanto a tensão no terminal exterior ligado à perna do tipo P do lado frio do TEG é V_1 . Uma carga eléctrica com resistência R_L é ligada em série com os terminais de saída do TEG, criando um circuito elétrico. Quando a corrente eléctrica flui nesta carga eléctrica, é gerada uma tensão eléctrica nos seus terminais. O dispositivo TEG produzirá eletricidade em corrente contínua enquanto existir um gradiente de temperatura entre os seus lados. Quando a diferença de temperatura $\Delta T = T_h - T_c$ através do dispositivo TEG aumenta, é gerada mais energia eléctrica de saída. Muitos pares termoeléctricos n formam um sistema TEG ligado eletricamente em série e ensanduichado entre duas placas de cerâmica para maximizar a tensão de saída do TEG (Figura 5).

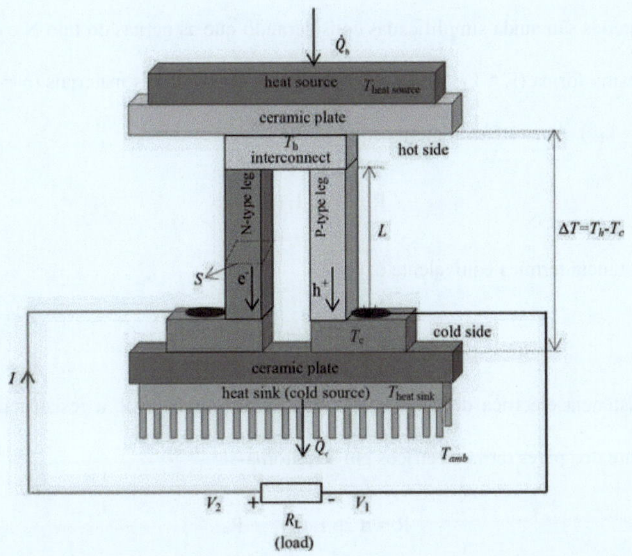

Fig. 5. Esquema de um dispositivo TEG com um único par termoelétrico.

Neste caso, a resistência interna equivalente dos pares termoeléctricos em série é:

$$R = n \cdot \left[\rho_P \cdot L_P \cdot (S_P)^{-1} + \rho_N \cdot L_N \cdot (S_N)^{-1}\right]$$

e a condutância térmica equivalente dos pares termoeléctricos em paralelo é

$$K = n\,[k_P\, S_P\, (L)_P^{-1} + k_N\, S_N\, (L_N)\,]^{-1}$$

em que $\rho = R\ S/L$ é a resistividade eléctrica de cada perna, S é a área da secção transversal de cada perna em [m^2], L é o comprimento da perna em [m], k é a condutividade térmica de cada perna em [W (m K^{-1})] e a condutância térmica de cada perna é $K = k\ S/L$ em $[W\ K]^{-1}$

Estas relações são ainda simplificadas considerando que as pernas do tipo N e do tipo P têm a mesma forma ($L = L_P = L_N$ e $S = S_P = S_N$) e propriedades materiais ($\rho = \rho_P = \rho_N$, e $k = k_P = k_N$). A resistência interna equivalente torna-se:

$$R = n\ 2\rho\ L\ (S)^{-1}$$

e a condutância térmica equivalente é:

$$K = n\ 2k\ S\ (L)^{-1}\ .$$

Se a resistência eléctrica de contacto R_a não for negligenciável, a resistência interna equivalente dos pares termoeléctricos em série torna-se:

$$R = n\ 2\rho\ L\ (S)^{-1} + R_a$$

A tensão nos terminais do TEG é:

$$V_{TEG} = V - V_{21} = n\ (\ I\ R\ \alpha_{PN}\ \Delta T) = n\ I\ R\ -\ _{VSeebeck}$$

em que $\alpha_{PN} = (\alpha\ \alpha_{PN}\ )^2$ é o coeficiente de Seebeck do par termoelétrico. A corrente eléctrica de entrada no circuito é:

$$I = \frac{V_{Seebeck}}{n \cdot R + R_L} = \frac{n \cdot \alpha_{PN} \cdot \Delta T}{n \cdot R + R_L}$$

em que a resistência de carga R_L está ligada à saída do circuito onde é consumida a energia eléctrica de saída gerada pelo TEG; a tensão de Seebeck é $_{VSeebeck} = V_P\ V_N = \alpha_{PN}$ ΔT. A relação entre $_{VSeebeck}$ e ΔT é não linear, pelo que α_{PN} depende da temperatura (Figura 6).

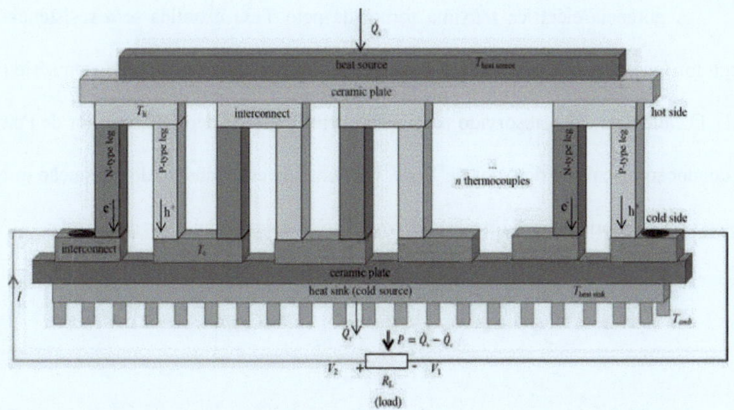

Fig. 6. Esquema de um dispositivo TEG com n pares termoeléctricos

A potência eléctrica de saída fornecida pelo TEG à carga é:

$$P = n\ (\ \alpha_{PN}\ I\ \Delta T - R\ I\ )^2$$

Por outro lado, a potência eléctrica de saída absorvida pela carga (considerando o sinal convencional, com a corrente a fluir como indicado na FIG) é:

$$P = -V_{TEG}\ I = n\ (R\ I^2 - \alpha_{PN}\ I\ \Delta T)$$

A potência eléctrica de saída absorvida pela resistência de carga R_L é:

$$P_R = I^2\ R_L = (n.\ \alpha_{PN}\ \Delta T\ /n\ R + R_L\ )\ RL$$

A potência eléctrica máxima de saída de um TEG é obtida quando a potência eléctrica de saída é maximizada em relação à corrente eléctrica:

$$P_{max} = n\ (\alpha_{PN}\ .\ \Delta T\ )^2\ /\ 4R$$

$$I_{max} = \alpha_{PN}\ \Delta T/2R$$

A potência eléctrica máxima fornecida pelo TEG é obtida se a resistência de carga for igual à resistência interna equivalente dos pares termoeléctricos em série (RL = R). O caudal de calor absorvido na junção quente do TEG depende do calor de Peltier, da condução de calor e do calor de Joule. O caudal de calor absorvido na junção quente depende das propriedades do material termoelétrico e das geometrias das pernas:

$$\dot{Q}_h = n \cdot \left[\alpha_{PN} \cdot T_h \cdot I - \frac{R \cdot I^2}{2} + K \cdot \Delta T \right]$$

Um TEG pode ser considerado como uma bateria térmica, uma estrutura física utilizada para armazenar e libertar energia térmica. A força eletromotriz desta bateria térmica é a tensão de Seebeck.

1.4. PARÂMETROS TERMOELÉCTRICOS

A eficiência de conversão de energia (η) do módulo TEG é avaliada pela equação,

$$\eta = \frac{T_H - T_C}{T_H} \frac{\sqrt{1+ZT_{avg}}-1}{\sqrt{1+ZT_{avg}}+\frac{T_C}{T_H}}$$

onde

T_H - Temperatura da junção quente

T_C - Temperatura da junção a frio

$[T_H - T_C]\ T_H$ - Eficiência de Carnot

zT_{avg} - Valor de mérito médio do módulo

O coeficiente de mérito é uma grandeza adimensional e é definido do seguinte modo

$$zT = \frac{S^2 \sigma T}{\kappa_{tot}} = \frac{S^2 \sigma T}{\kappa_e + \kappa_l}$$

Onde

S - Coeficiente de Seebeck

σ - Condutividade eléctrica

T - Temperatura

κ_{tot} - Condutividade térmica total

κ_e - Condutividade térmica total eletrónica

κ_l - Condutividade térmica da rede

O coeficiente Seebeck de um elemento é a capacidade de conversão termoeléctrica ao gradiente de temperatura. O coeficiente de Seebeck é determinado pelo movimento dos portadores de carga (electrões e buracos) devido ao gradiente de temperatura aplicado. Assim, o coeficiente Seebeck líquido é expresso como

$$\frac{S_n \mu_n n + S_p \mu_p p}{\mu_n n + \mu_p p}$$

Onde

S - Coeficiente de Seebeck

S_n - Coeficiente de Seebeck do eletrão

S_p - Coeficiente de Seebeck do orifício

μ_n - Mobilidade dos electrões

μ_p - Mobilidade do orifício

n - Concentração de electrões no portador

p - Concentração de buracos na portadora

Além disso, depende da massa efectiva (m*) e da concentração de portadores (n) através da relação de Mott, que é dada por

$$S = \frac{\pi^2 \kappa_B^2}{3q} T \left(\frac{1}{n} \frac{dn(E)}{dE} + \frac{1}{\mu} \frac{d\mu(E)}{dE} \right)_{E=E_F}$$

$$= \frac{8\pi^2\kappa_B^2}{3eh^2} m^* T \left(\frac{\pi}{3n}\right)^{2/3}$$

onde

κB - Constante de Boltzmann

EF - Energia de Fermi

n(E) - Densidade de portadores à energia

e - Carga eletrónica

h - Constante de Planck

μ(E) - Mobilidade à energia

A equação acima do coeficiente de Seebeck é derivada da teoria dos electrões livres e aplica-se apenas aos metais. As equações seguintes podem ser utilizadas para calcular o coeficiente de Seebeck de vários sistemas, como os semicondutores. O coeficiente de Seebeck de um semicondutor do tipo n é expresso como

$$S = \frac{1}{e}\frac{dE_F}{dT} = -\frac{1}{e}\frac{d(E_C - E_F)}{dT} + \frac{1}{e}\frac{dE_C}{dT}$$

Onde

E_F - Energia de Fermi

E_C - Energia no bordo da banda de condução

É determinada (i) pela densidade de estados e (ii) pelo equilíbrio entre a densidade da corrente de deriva e a densidade da corrente de difusão térmica, respetivamente. A densidade de corrente total é expressa através da equação de Boltzmann

$$J = \left(\frac{e^2}{4\pi^3 kT}\right)\frac{dT}{dx} \times \left[\sum_V \int \tau\, v_x^2 f_0(1 - f_0)\left(\frac{E-E_F}{eT} + \frac{1}{e}\frac{dE_F}{dT}\right) d^3k\right]$$

onde o somatório é efectuado para todas as bandas de energia relacionadas com as conduções. A partir da equação acima, o coeficiente de Seebeck é obtido aplicando a condição J=0 e é expresso como,

$$S = -\frac{1}{eT}\left[\frac{\sum_V \int \tau v_x^2 f_0(1-f_0)(E(\mathrm{k})-E_F)d^3k}{\sum_V \int \tau v_x^2 f_0(1-f_0)d^3k}\right]$$

Onde

τ - Tempo de dispersão dos portadores

f_0 - Distribuição de Fermi-Dirac

v_x - Velocidade do eletrão ao longo do gradiente de temperatura

Então, a equação é simplificada como

$$S = -\frac{1}{eT}\left[\frac{\sum_V \int \tau v_x^2 f_0(1-f_0)E(\mathrm{k})d^3k}{\sum_V \int \tau v_x^2 f_0(1-f_0)d^3k} - E_F\right]$$

$$S = -\frac{1}{eT}(\bar{E} - E_F)$$

Onde E_E é a energia média responsável pela condução eletrónica.

É superior a 2 κ_B T do mínimo da banda de condução (CBM) para um semicondutor não degenerado do tipo n, enquanto é inferior a 2κ_B T do máximo da banda de valência (VBM) para um semicondutor não degenerado do tipo p.

1.5. COMPONENTES DE UM MÓDULO TEG

O fabrico de um módulo TEG típico que contém um único conjunto de junções p-n em que a difusão de portadores de carga gera eletricidade devido ao gradiente de temperatura é apresentado na Figura 7. Este processo envolve os seguintes factores principais[9]

(a) A seleção de pernas optimizadas do tipo p e do tipo n

(b) Contacto metálico adequado (normalmente um condutor)

(c) Camada adequada de dispersão de calor (normalmente um isolante)

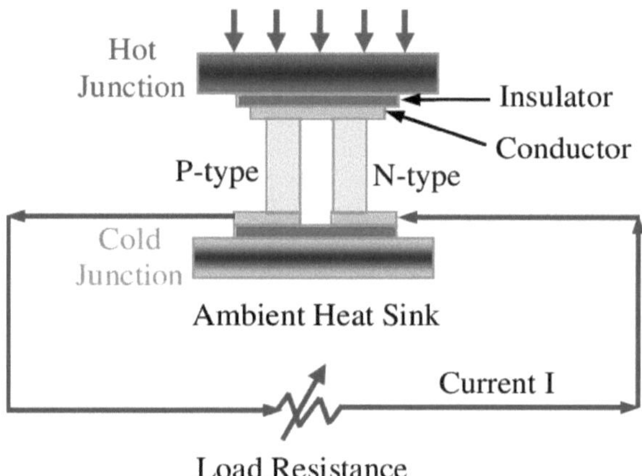

Fig. 7. Representação esquemática de um módulo TEG típico

1.6. MATERIAIS TERMOELÉCTRICOS

Os materiais termoeléctricos podem ser classificados de acordo com a composição química, a aplicação, a temperatura de aplicação e outras abordagens. Esta classificação é feita em função da composição do material e, secundariamente, em função da temperatura de aplicação. Podem ser identificadas oito categorias principais nos materiais termoeléctricos mais avançados: skutterudites (SKUs), half-Heusler, clatratos, zintls, oxisselenetos, ligas de silício-germânio (Si-Ge), materiais orgânicos e híbridos e calcogenetos.

Além disso, estes materiais podem ser etiquetados com uma de três gamas de temperatura diferentes:

- Gama de baixas temperaturas (até 600 K): as aplicações comuns a baixas temperaturas são os dispositivos vestíveis e médicos, em que os dispositivos funcionam perto da temperatura ambiente. As aplicações microelectrónicas, como os nós para dispositivos WSN, podem ser incluídas nesta categoria devido ao baixo aquecimento desses utilitários.
- Gama de temperaturas médias (de 600 a 1000 K): os materiais termoeléctricos são normalmente utilizados nesta gama no sector automóvel e na indústria, onde o calor residual pode ser convertido em corrente eléctrica diretamente do motor, no primeiro caso, e de instalações (por exemplo, tubos de calor), no segundo.
- Gama de temperaturas elevadas (a partir de 1000 K): esta gama de aplicações está principalmente envolvida no sector aeroespacial para a captação de energia para missões espaciais e exploração do espaço exterior, onde a captação de energia fotovoltaica falha

1.6.1. Skutterudites

As skutterudites derivam do aristótipo triantimoneto de cobalto ($CoSb_3$), um semicondutor caracterizado por uma elevada mobilidade dos portadores (intervalo de banda estreito) e por uma massa eletrónica efectiva relativamente grande; o valor ZT máximo para o $CoSb_3$ não é superior a 0,8 a cerca de 900 K. As skutterudites com melhor desempenho e mais utilizadas para aplicações de TE são as SKU preenchidas: a sua fórmula estrutural-química é EP $T_{y4\times12}$, em que EP é uma espécie de elemento eletropositivo (ou seja, ferro Fe, níquel Ni, gálio Ga, índio In, etc.) e X é um átomo de metal de transição (ou seja, cobalto Co, níquel Ni, gálio Ga, índio In, etc.), ferro Fe, níquel Ni, gálio Ga, índio In, etc.), T um átomo de metal de transição (ou seja, cobalto Co, ródio Rh, etc.) e X um metaloide (ou seja, antimónio Sb, telúrio Te, etc.). A título de exemplo, a estrutura do SKU LaFe Sb_{412} preenchido é apresentada na Figura 8. [10]

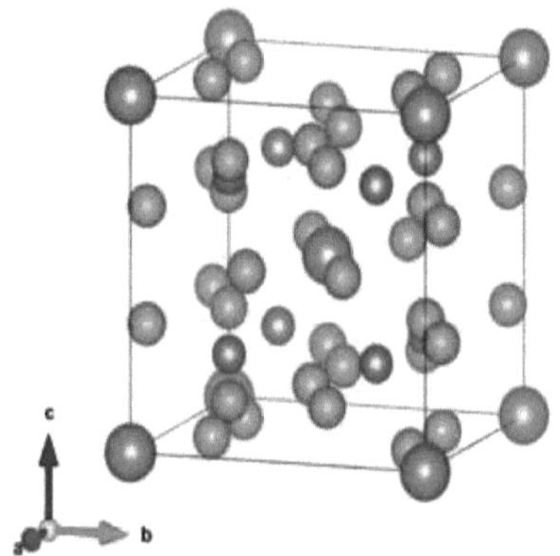

Fig. 8. Representação das caraterísticas estruturais da skutterudite preenchida

A gama de temperaturas para aplicações de SKU vai da temperatura ambiente até 900 K e são atualmente consideradas para aplicações como a recuperação de calor residual em automóveis, termopilhas para recolha de energia a alta temperatura e no sector aeroespacial. As SKU são, por conseguinte, aplicáveis na gama de temperaturas baixas e médias. As técnicas convencionais para densificar os skutterudites são a sinterização a alta pressão (HPS) ou a sinterização a alta pressão e alta temperatura (HPHTS) em pós que já foram submetidos a moagem de bolas de alta energia. Frequentemente, a fiação por fusão é também utilizada para a preparação de amostras a granel. A título de exemplo, a amostra preparada de $La_{0.8}$ Co Sb_{412} com um diâmetro de 200 mm, uma espessura de 21 mm e um peso de 5 kg demonstrou uma ZT = 1 a 773 K. O valor mais elevado de ZT atingido na literatura é de cerca de 1,9 a 823 K. Este desempenho foi alcançado ao testar amostras a granel de skutterudite triplamente preenchida do tipo n com a composição ($Sr_{0.33}$ Ba Yb)$_{0.330.330.35}$ Co Sb_{412} fabricada por moagem de bolas de alta energia e depois por prensagem a quente. As skutterudites tipo n e tipo p mais estudadas são as skutterudites parcialmente preenchidas com itérbio (Yb) e as skutterudites à base de didímio (DD), respetivamente; estas duas cargas podem reduzir drasticamente a condutividade térmica do composto. Relativamente às películas finas, as películas finas de $CoSb_3$ dopadas com Ti foram depositadas por pulverização catódica em substrato de vidro BK_7 . As películas foram recozidas durante 2 h numa atmosfera de árgon a 573 K. A espessura final da película fina foi de cerca de 400 nm e a figura de mérito foi de 0,86 a 523 K.

1.6.2. Ligas de Half-Heusler

As ligas de Heusler são compostos intermetálicos ternários caracterizados por uma estrutura cristalina do tipo MgAgAs; a diferença entre as ligas de Heusler e as meias-ligas de Heusler é que a sub-rede das primeiras está ocupada, enquanto a das segundas está parcialmente ocupada. As duas estruturas das ligas estão representadas na Figura 9.

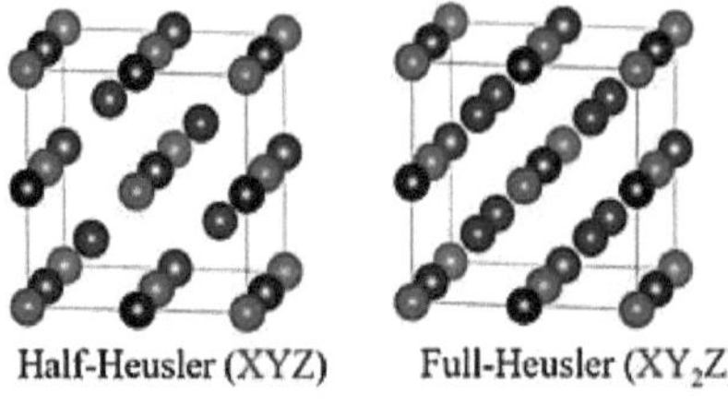

Fig. 9. Células unitárias de XYZ meio-Heusler e XY_2 Z full-Heusler

As ligas de Half-Heusler são melhores materiais termoeléctricos do que as ligas de Full-Heusler porque têm um pequeno intervalo de banda, baixa resistividade eléctrica e elevada potência térmica (ou seja, elevado coeficiente de Seebeck). Recentemente, o Ni e o Sn foram substituídos para obter melhores desempenhos; o Fe e o Co substituíram o Ni e o Sb substituiu o Sn. Foi também explorado o enchimento múltiplo, por exemplo, preparando materiais como o Nb $Hf_{0.880.12}$ FeSb e o Ta $V_{0.740.1}$ $Ti_{0.16}$ FeSb; foram obtidos resultados prometedores com diferentes composições. A título de exemplo, atingiu-se uma figura de mérito de 1,42 a 973 K quando se testou o material de tipo p com enchimento múltiplo ZrCoBi $Sb_{0.650.15}$ $Sn_{0.2}$. Estas ligas podem ser aplicadas desde a temperatura ambiente até 1300 K, dependendo da sua composição (toda a gama de temperaturas), mas os melhores desempenhos são atingidos a cerca de 800 K. Atualmente, não existem aplicações comerciais para estes materiais, porque a obtenção de valores elevados de ZT é dificultada pela elevada resistência de contacto entre as interligações e a perna TE; os materiais autónomos podem, promissoramente, apresentar desempenhos elevados. Atualmente, os compostos de meio-Heusler mais estudados são os do tipo p XVFeSb (XV = vanádio V, nióbio Nb e tântalo Ta) e

ZrCoBi, e os do tipo n XIVNiSn (XIV = Ti, Zr e Hf) e XIVCoSb (XIV = Ti, Zr e Hf). No entanto, devido aos resultados promissores da literatura, o foco será o XVFeSb do tipo p e o XIVNiSn do tipo n. [11]

1.6.3. Clatratos

De forma semelhante aos skutteruditos, os clatratos são caracterizados por uma estrutura em forma de gaiola que permite a engenharia da condutividade térmica através da inserção de átomos na estrutura do material. Esta estrutura cristalina está relacionada com os hidratos de clatrato de tipo I e tipo II, tais como $(Cl\ )_{28}\ (H_2\ O)_{46}$ e $(CO\ )_{224}\ (H_2\ O)_{136}$. A fórmula geral dos clatratos de tipo I é X Y E_{2646} , em que X e Y são átomos convidados (metais alcalinos, terras raras ou elementos alcalino-terrosos não fortemente ligados à estrutura) e E representa um elemento do grupo XIV (Si, Ge ou Sn); a fórmula dos clatratos de tipo II é X Y E_{816136} . A estrutura cristalina do clatrato de tipo II $CsNa_2\ Si_{17}$ é apresentada na figura. Nos últimos anos, tem-se trabalhado muito em torno da estrutura do tipo I, aprisionando muitos átomos diferentes no interior dos poliedros, tais como metais alcalinos e átomos de terras raras. A condutividade térmica extremamente baixa é a caraterística mais atractiva dos clatratos do tipo I, que em alguns casos era comparável à condutividade térmica dos materiais amorfos. Um exemplo é a condutividade térmica vítrea do $Sr_8\ Ga_{16}\ Ge_{30}$; a condutividade térmica da rede foi determinada como sendo de cerca de 8 $W{\cdot}m^{-1}\ {\cdot}K^{-1}$. As outras famílias de clatratos são do tipo VII, torcido, VIII e IX; no entanto, poucos compostos atingiram a estabilidade, por isso não são amplamente estudados para aplicações de TE.

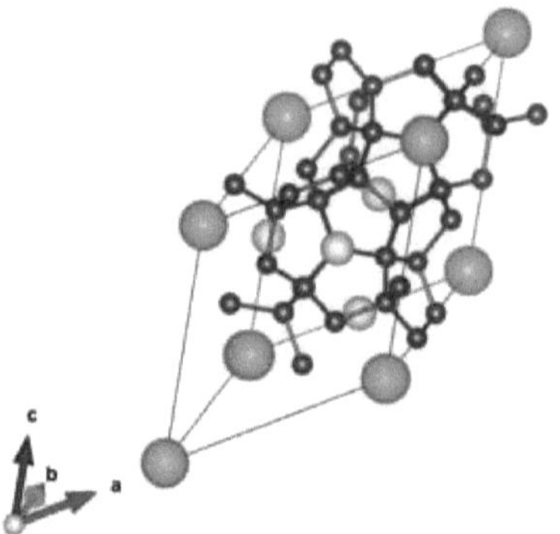

Fig. 10. Estrutura cristalina do clatrato tipo II $CsNa_2\ Si_{17}$; as esferas azuis claras representam os átomos de césio, as esferas verdes os átomos de sódio e as esferas amarelas os átomos de silício.

A síntese de amostras de clatratos é normalmente efectuada com diferentes métodos, dependendo das suas dimensões. O fabrico de amostras microscópicas é normalmente efectuado por decomposição térmica ou síntese em estado sólido; as amostras macro são produzidas por vias bem estabelecidas, como o método Czochralski ou o crescimento vertical de Bridgman. Atualmente, as aplicações de TE baseadas em clatratos ainda não foram desenvolvidas, mas os estudos salientaram que o melhor desempenho é obtido na gama de temperaturas médias e elevadas. Os materiais mais estudados, que também produziram os melhores desempenhos de TE, são geralmente baseados em gálio e germânio. Estes materiais apresentam um elevado desempenho TE na gama de temperaturas médias/elevadas, mas atingem o seu pico na gama de temperaturas elevadas. Como exemplo, os cristais de 46 mm de comprimento de $Ba_8\ Ga_{16}\ Ge_{30}$ do tipo n foram preparados utilizando o método Czochralski e as propriedades TE foram avaliadas em discos cortados destas amostras; os cristais são mostrados na Figura 10. O valor da figura de mérito foi de 1,35 na gama de temperaturas médias (900 K) e de 1,63 na gama de temperaturas elevadas (1100 K). Este desempenho é interessante e mostra potencial para futuras aplicações em ambas as gamas.[12]

1.6.4. Zintls

Os zintls são compostos ternários estruturados como $CaAl_2$ Si_2 ; a sua fórmula é AB_2 C, em que A = magnésio Mg, cálcio Ca, estrôncio Sr, bário Ba, európio Eu, ou itérbio Yb, B = magnésio Mg, zinco Zn, ou cádmio Cd, e C = fósforo P, arsénio As, antimónio Sb, ou bismuto Bi. A estrutura cristalina do zintls está representada na Figura 11.

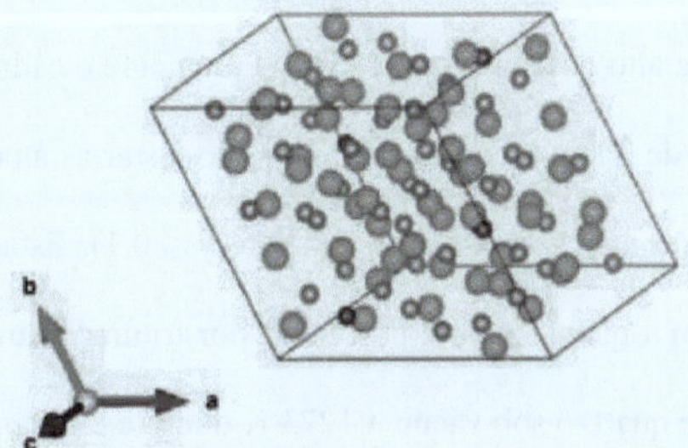

Fig. 11. Estrutura cristalina dos zintls mais estudados: Tb $MnSb_{1411}$; aqui, os átomos de itérbio são representados pelas esferas azuis claras, as esferas roxas representam os átomos de manganês e as esferas cor de laranja indicam os átomos de antimónio.

Estes materiais foram estudados como materiais termoeléctricos do tipo p, demonstrando um elevado potencial neste domínio. A forte anarmonicidade da rede é intrinsecamente a causa da baixa condutividade térmica da rede e a estrutura da banda de valência sintonizável permite um elevado desempenho elétrico. Materiais como o Yb

$MnSb_{1411}$, o Yb Mn $Sb_{94.29}$ e o Ca_5 Al Sb_{26} demonstraram os desempenhos TE mais elevados graças à sua condutividade térmica intrinsecamente baixa na rede. Estes materiais apresentam um comportamento intrínseco do tipo p e podem funcionar em qualquer gama de temperaturas, dependendo da composição. Atualmente, a atenção centra-se sobretudo em amostras policristalinas fabricadas por moagem de bolas de alta energia seguida de sinterização a alta temperatura (prensagem a quente ou sinterização por plasma de faísca) ou por fusão e subsequente recozimento, seguido de processos de consolidação. Os Zintls que atualmente produzem o melhor desempenho TE são aqueles em que B = Zn e C = Sb

Estes materiais produzem o mais alto desempenho graças à condutividade térmica extremamente baixa, que também pode ser alcançada através da engenharia de bandas (por exemplo, alinhamento de bandas). Para além do Zn e do Sb, os outros componentes dos zintls de alto desempenho são frequentemente o cádmio Cd e o itérbio Yb. O pico mais elevado de ZT num zintl foi atingido ao testar as amostras a granel de Yb_{1-y} Ba Cd Zn_{y2-xx2} Sb(com y = 0, x ≤ 0,9; x = 0,5, y ≤ 0,1). Estas amostras foram preparadas por prensagem a quente de um pó obtido por trituração manual de lingotes fabricados em ampolas de quartzo sob vácuo a 1273 K durante 2 h a partir de pós puros com composição estequiométrica. Obtiveram um valor de figura de mérito igual a 1,3 a 700 K quando a composição zintl era $Yb_{0.96}$ Ba Cd $Zn_{0.041.50.52}$, Sbempregando também o alinhamento de bandas. Como exemplo final, o valor da figura de mérito alcançado foi próximo de 0,9 a 700 K, testando EuCd Zn $Sb_{1.40.62}$. As amostras eram policristalinas e volumosas. A amostra foi preparada formando o lingote, que foi depois moído para obter um pó fino que foi prensado a quente a 823 K durante 50 min com uma pressão uniaxial de 80 MPa.

1.6.5. Oxisselenetos

Os oxiselenetos são compostos oxicalcogenetos contendo selénio de fórmula geral RMCSeO (R = bismuto Bi, cério Ce ou disprósio Dy, M = cobre Cu ou prata Ag, Se = selénio e O = oxigénio). Entre os oxisselenetos pristinos, o desempenho mais elevado foi demonstrado pelo BiCuSeO, que se comporta como um semicondutor do tipo p e cristaliza numa estrutura em camadas do tipo ZrCuSiAs, em que as camadas de Bi O_{22} são alternadamente empilhadas com camadas de Cu_2 Se_2 , como representado na Figura 12. O BiCuSeO tem uma baixa condutividade eléctrica em comparação com os TEMs mais avançados devido à sua baixa concentração de portadores; a dopagem é, de facto, a principal estratégia para aumentar a sua figura de mérito. No entanto, a condutividade térmica intrinsecamente baixa da rede é um material atrativo para aplicações TE, devido ao transporte lento de fónons resultante da ligação suave (baixa rigidez). [13]

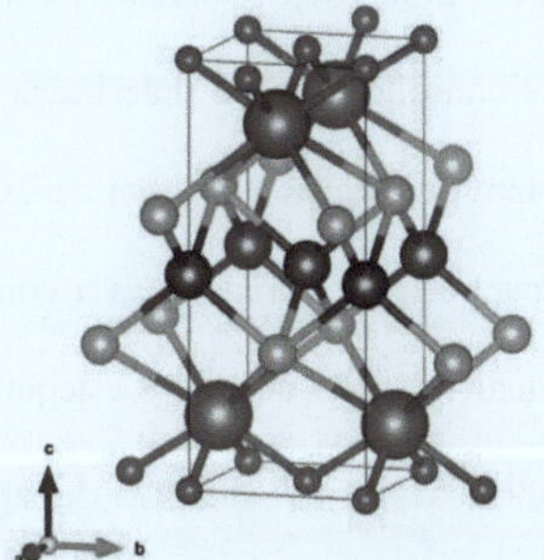

Fig. 12. Representação da estrutura cristalina do BiCuSeO. Aqui, os átomos de bismuto são representados por esferas roxas, os átomos de cobre por esferas azuis claras, os átomos de selénio são representados por esferas verdes e as esferas vermelhas são utilizadas para representar os átomos de oxigénio.

O BiCuSeO puro pode atingir uma figura de mérito de 0,5 a 900 K graças a esta baixa condutividade térmica, mas a melhoria da condutividade eléctrica (principalmente através de dopantes) resultou num valor máximo de 1,4 a 923 K. Atualmente, os dispositivos TE baseados em BiCuSeO não estão presentes no mercado, mas muitos trabalhos salientaram que a dopagem deste material com magnésio Mg, cádmio Cd e bário Ba conduziu a desempenhos TE mais elevados, adaptando assim a fórmula geral a Bi M_{1-xx} CuSeO, em que M é o dopante, que está localizado no sítio do cobre. As ligas BiCuSeO funcionam como semicondutores do tipo p e têm um melhor desempenho na gama superior, média/baixa e alta temperatura (entre 850 e 925 K). Na secção seguinte, são apresentados alguns exemplos. Por exemplo, as amostras fabricadas de Bi_{1-x} Ba_x CuSeO (com x = 0, 0,025, 0,05, 0,075, 0,1, 0,125 e 0,15) demonstram um valor ZT de 1,1 a 923 K. As amostras fortemente dopadas com bário foram preparadas através da trituração de lingotes sinterizados por prensagem a quente de pós em proporção estequiométrica (573 K durante 8 h ou 1073 K durante 24 h), seguida de moagem de bolas do pó grosseiro obtido e consolidação por sinterização por plasma de faísca. A dimensão do disco era de 20 mm de diâmetro e 7 mm de espessura. A condutividade térmica foi igualmente lenta para estes materiais, mas a condutividade eléctrica após dopagem atingiu o seu valor mais elevado quando a estequiometria foi $Bi_{0.875}$ $Ba_{0.125}$ CuSeO, que apresentou um valor ZT de 1,1 a 923 K. Como último exemplo, foram fabricadas amostras a granel ($15 \times 3 \times 3$ mm^3) através da sinterização por plasma de faísca de pós recozidos triturados à mão (573 K durante 8 h e 873 K durante 24 h), que foram previamente preparados através de prensagem a frio de pós comerciais triturados com bolas em proporção estequiométrica. O material dopado tinha a fórmula geral Bi Cd_{1-xx} CuSeO (com x = 0,01, 0,05 e 0,1) e, neste caso, o dopante não influenciou significativamente a condutividade térmica, mas aumentou consideravelmente a condutividade eletrónica. O melhor desempenho TE foi demonstrado pela formulação mais dopada Bi $Cd_{0.90.1}$ CuSeO, que a 923 K, demonstrou um valor ZT igual a 0,9. Estes materiais ainda necessitam de um estudo aprofundado, mas são soluções promissoras para aplicações em TE. [14]

1.6.6. Silício-Germânio (Si_{1-x} Ge $)_x$

Gama de altas temperaturas Uma vez que o silício e o germânio são completamente miscíveis, as ligas de silício-germânio (Si-Ge) estão a ser consideradas como semicondutores de solução sólida, cuja fórmula é Si_{1-x} Ge_x ; além disso, tem uma estrutura de rede tipo diamante (Fd3m) caracterizada por uma célula hexagonal (Figura 13).

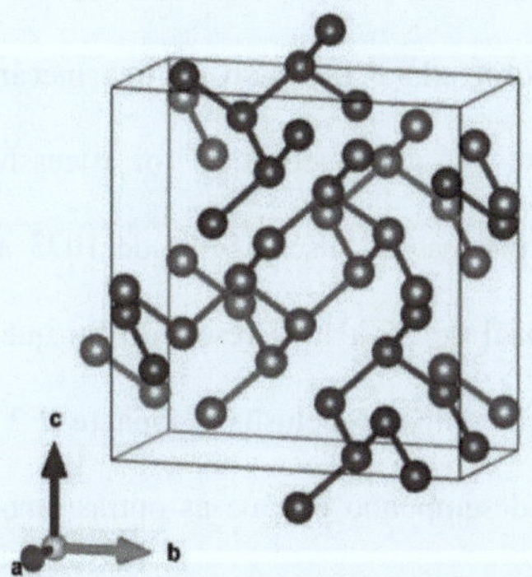

Fig. 13. Representação da estrutura cristalina de Si-Ge, em que os pontos cinzentos representam átomos de germânio.

As ligas Si-Ge permitem um melhor desempenho TE na gama de temperaturas elevadas (especialmente de 1100 K a 1400 K). Atualmente, as ligas Si_{80} Ge_{20} dopadas com tipo p e tipo n têm sido aplicadas nos sectores aeroespacial e automóvel. Um aspeto atrativo das ligas Si-Ge é a relativa facilidade de preparação de semicondutores do tipo n e do tipo p; o primeiro pode ser conseguido através do controlo microestrutural (limites de grão, deslocações, etc.) e da liga (frequentemente através da adição de fósforo, P, no sítio do germânio); o último pode ser conseguido através de dopantes no sítio do silício (um dopante de elevado desempenho é o siliceto de ítrio, YSi_2 , e um dopante comum é o boro, B). Recentemente, o desempenho TE foi melhorado utilizando nano-inclusões. Apresenta-se aqui um exemplo de material Si_{1-x} Ge_x de alto desempenho do tipo n com nano-inclusões e um exemplo de um material Si_{1-x} Ge_x de alto desempenho do tipo p sem nano-inclusões. Foi fabricada a matriz de silício-germânio com nano-inclusões de dissiliceto de tungsténio precipitado (amostras a granel de Si/Ge-WSi_2 dopadas com boro (B) e Si/Ge-WSi_2 dopadas com fósforo (P) do tipo p). Inicialmente, foi utilizado o processo de liga mecânica a partir dos pós elementares para preparar um pó adequado, que foi sucessivamente consolidado utilizando a sinterização por plasma de faísca (SPS) de 1073 a 1373 K durante 10 minutos com uma carga uniaxial de 35 kN. O resultado foi que a amostra do tipo n (dopada com P) com maior teor de nano-inclusões (dopante P 2 vol%- Si_{80} Ge_{20} & 5 vol%WSi_2) teve um melhor desempenho do que as outras amostras, apresentando a 1173 K um valor ZT igual a 1,16. Como exemplo final, foram preparadas com sucesso as amostras nano-estruturadas de alto desempenho (disco com um diâmetro de cerca de 12,7 mm) de Si_{80} Ge_2 do tipo p (dopado com boro (B)). As amostras foram fabricadas de forma semelhante ao processo acima descrito, ou seja, começando pela liga mecânica das quantidades estequiométricas de pós elementares e, finalmente, empregando SPS (de 1173 K a 1423 K durante 3 min com uma carga uniaxial igual a 60 MPa) para consolidar os pós preparados. As amostras (com uma quantidade não especificada de dopante) apresentaram um valor de ZT igual a 1,2 a 1173 K; estes dois resultados realçam o potencial destes materiais, especialmente numa gama de temperaturas que tem poucas soluções alternativas.

1.6.7. Materiais orgânicos e híbridos

Os TEMs orgânicos mais populares são os polímeros, seguidos dos materiais à base de carbono. Estas soluções seriam cruciais para a implementação de dispositivos flexíveis e portáteis auto-alimentados na indústria atual, atualmente inexistentes no mercado mas amplamente estudados. Além disso, a maioria dos materiais orgânicos são mais baratos, mais disponíveis na Terra, intrinsecamente mais flexíveis e piores condutores térmicos do que os calcogenetos tradicionais, como o telureto de bismuto. Outra caraterística interessante dos materiais orgânicos é o elevado desempenho TE em torno do RT em comparação com os materiais termoeléctricos convencionais. Finalmente, este tópico é extremamente amplo. A Internet das Coisas (IoT) está a crescer rapidamente na sociedade e o rápido desenvolvimento de dispositivos TE baseados em telureto de bismuto a baixa temperatura levou a uma maior necessidade de dispositivos vestíveis e flexíveis. Recentemente, a implementação de TEMs em polímeros e outros materiais orgânicos tem sido estudada como uma possível solução para este problema. No entanto, isto ainda faz parte da investigação porque os valores elevados de eficiência de TE ainda estão longe de ser alcançados. Os materiais poliméricos de TE com elevado desempenho podem atingir valores de ZT não superiores a 0,75. As principais razões para estes baixos desempenhos são a condutividade eléctrica extremamente baixa e o coeficiente de Seebeck que caracteriza estes materiais. Como mencionado, estes materiais são aplicáveis na gama de baixas temperaturas e são atualmente utilizados como substratos ou suportes para calcogenetos que funcionam a baixas temperaturas (por exemplo, $Bi_2 Te_3$). Os materiais orgânicos mais estudados para aplicações de TE são os polímeros condutores e os materiais à base de carbono. [15]

1.6.7.1. Polímeros condutores - Gama de temperaturas baixas

Os polímeros condutores são designados por polímeros π-conjugados, sendo a sua melhor qualidade o facto de possuírem níveis ajustáveis de dopagem e uma grande variedade de elementos dopantes utilizáveis. As técnicas de fabrico mais comuns para estes materiais são a montagem camada a camada, a polimerização in situ, a electrofiação e o revestimento por rotação. Os polímeros condutores mais utilizados são o poli(3,4-etilenodioxitiofeno) (PEDOT), o poli(3,4-etilenodioxitiofeno) poliestireno sulfonado (PEDOT:PSS) e a polialanina (PANI). Atualmente, os desempenhos dos TE são extremamente baixos. A título de exemplo, o desempenho máximo foi alcançado ao atingir um valor ZTmax de 0,32 à temperatura ambiente, testando películas de PEDOT:PSS que sofreram uma acumulação de iões na superfície. Entre os materiais poliméricos que são aplicados para meios termoeléctricos na gama de baixas temperaturas, os PEDOT:PSS são os mais estudados. As soluções de PEDOT:PSS não são aplicadas comercialmente, e os estudos sobre estes materiais abordam aplicações vestíveis e auto-alimentadas. A gama de baixas temperaturas é considerada porque, a temperaturas mais elevadas, os polímeros se degradariam e, em segundo lugar, porque as aplicações potenciais exigem temperaturas muito baixas. Foram preparadas amostras volumosas e finas de PEDOT:PSS dopado com ácido fórmico a partir de uma solução aquosa deste polímero, tendo a dopagem sido efectuada através de um tratamento de superfície consolidado. As amostras volumosas tinham uma espessura de 100 μm e foram preparadas por filtração a vácuo, enquanto as amostras finas foram preparadas por spin coating e atingiram uma espessura de 200 nm; ambas foram preparadas em substratos de vidro. Depois de testar as amostras, a película fina apresentou o melhor desempenho, o que correspondeu a um valor ZT de 0,32 à temperatura ambiente. Como exemplo final, seguindo um procedimento bem estabelecido, uma película fina de 200 nm de PEDOT:PSS polimerizado com tosilato de ferro como dopante foi depositada num substrato de vidro, por spin coating. O valor final da figura de mérito TE em torno de RT foi igual a 0,25. Estes dois resultados destacam dois dos melhores desempenhos TE obtidos com esta classe de materiais.

1.6.7.2. Materiais de ET à base de carbono - Gama de temperaturas baixas

Os materiais 2D à base de carbono são extremamente promissores em muitos domínios diferentes, graças ao seu baixo custo de fabrico, elevada eficiência e flexibilidade. Atualmente, os materiais à base de carbono mais estudados para dispositivos TE são os nanotubos de carbono (CNT), que podem ser utilizados tanto como semicondutores do tipo p como do tipo n, mas que são largamente estudados como semicondutores do tipo p; a condução do tipo p é convencionalmente induzida pela dopagem com oxigénio e a do tipo n é induzida pela introdução de grupos funcionais utilizando polímeros. No entanto, o desempenho é muito baixo; por exemplo, os nanotubos de carbono de parede simples do tipo p (SWCNTs) dopados com O_2 atingiram uma figura de mérito RT de 0,027. O grafeno também foi estudado como condutor tipo p, mas também integrado em TEMs híbridos. À semelhança dos materiais poliméricos, estas soluções podem ser aplicadas na gama de baixas temperaturas. As películas de nanotubos de carbono do tipo p dopadas com oxigénio (espessura até 500 nm) foram preparadas pelo método de deposição de vapor químico com catalisador flutuante (FFCCVP). A figura de mérito foi obtida em torno de 0,021 à temperatura ambiente. As amostras de SWNTs de 30 μm de espessura encapsuladas em cobaltoceno tipo n ($CoCp_2$) (nomeadas CoCp2@SWCNTSs) foram fabricadas através de um processo de síntese de encapsulamento previamente estabelecido. O valor ZT foi igual a 0,157 a 320 K. [16]

1.6.7.3. Materiais híbridos orgânicos - Gama de temperaturas baixas

A incorporação de compostos orgânicos e inorgânicos em materiais TE orgânicos para fabricar uma matriz integrada é uma forma eficaz de melhorar o desempenho TE dos materiais através da redução da condutividade térmica. Os estudos mais recorrentes são sobre a implementação de TEMs convencionais numa matriz à base de carbono ou polimérica. Dependendo da classe do material, podem ser fabricados semicondutores do tipo p ou do tipo n; no entanto, é geralmente difícil obter um desempenho muito elevado e as potenciais aplicações devem situar-se na gama das baixas temperaturas. Foi utilizado um processo complexo (incluindo litografia de nanoesferas e evaporação térmica) para depositar películas híbridas PEDOT/p-type Bi_2 Te_3 num substrato de poliestireno; as películas tinham cerca de 56 nm de espessura. Ao testar a película, o material atingiu uma figura de mérito igual a 0,57, à temperatura ambiente, o que já quase duplica o melhor desempenho dos materiais à base de carbono isolados. Foram fabricadas amostras a granel de nanofolhas de grafeno (GNs)/(Bi_2 Te $)_{30.2}$ (Sb_2 Te $)_{30.8}$ com diferentes teores de grafeno (f = 0, 0,1, 0,2, 0,3 e 0,4 vol.%). A preparação consistiu em (a) moer um lingote de (Bi_2 Te $)_{30.2}$ (Sb_2 Te $)_{30.8}$ fabricado por prensagem a quente de pós comerciais, (b) dispersar o pó numa dispersão coloidal de nanofolhas de grafeno em acetona e (c) agitar até obter pó seco. Finalmente, os pós GNs/$(Bi_2 Te)_{30.2} (Sb_2 Te)_{30.8}$ foram prensados a quente para obter barras a granel (1,5 × 3 × 10 mm^3). O melhor desempenho TE foi demonstrado pelas amostras de 0,3 e 0,4 vol.% GNs/$(Bi_2 Te)_{30.2} (Sb_2 Te)_{30.8}$, que a 300 K e 440 K apresentaram valores ZT de 1,29 e 1,54, respetivamente. Este resultado é promissor para futuros desenvolvimentos; no entanto, não é altamente replicável. [17]

1.6.8. Calcogenetos

Um calcogeneto é um composto químico constituído por, pelo menos, um anião calcogénio (elementos do grupo 16, como o telúrio Te, o enxofre S e o selénio Se) e, pelo menos, um elemento eletropositivo (como o bismuto Bi, o chumbo Pb e o estanho Sn). Os calcogenetos mais utilizados em aplicações de TE são geralmente compostos IV-VI (PbTe, SnSe, GeTe, etc.) e compostos V-VI ($Bi_2 Te_3$, $Sb_2 Te_3$, $Bi_2 Se_3$, etc.); estes compostos cristalizam na estrutura de sal-gema. Os materiais mais utilizados no mercado são os chamados compostos BST (bismuto-antimónio ou selénio-telureto) e são frequentemente utilizados na eletrónica de refrigeração e noutros domínios. Outros compostos ternários são também muito estudados, mas não tão aplicados como os BST; uma classe promissora de calcogenetos ternários é representada pelos teluretos de tálio (ou seja, $Tl_9 BiTe_6$, $Tl_{8.05} Sn_{1.95} Te_6$, etc.). A título de exemplo, foi preparado um monocristal de SnSe dopado com BiT com um valor ZT de 2,2 em torno de 773 K; atualmente, este é o valor ZT mais elevado na literatura para materiais a granel. Os calcogenetos são os materiais mais utilizados para aplicações termoeléctricas, quase 75% de todo o mercado termoelétrico é ocupado pelo telureto de bismuto ($Bi_2 Te_3$) e pelo telureto de chumbo (PbTe). Entre os materiais termoeléctricos mais avançados, estes dois teluretos têm a maior figura de mérito perto da temperatura ambiente. O telúrio é tão eficaz porque é mais pesado e menos iónico do que os outros calcogénios utilizados para essas aplicações; a primeira caraterística é vantajosa para reduzir a condutividade térmica e a segunda para aumentar a condutividade eléctrica. Os calcogenetos podem ser utilizados tanto a baixas temperaturas como a temperaturas intermédias, dependendo da sua composição. Os dispositivos vestíveis, automóveis, dispositivos de sistemas de saúde e microeletrónica (por exemplo, sensores miniaturizados) são os campos de aplicação mais comuns. Os materiais calcogenetos mais estudados para aplicações TE são o telureto de chumbo (PbTe), o telureto de estanho (SnTe), o telureto de germânio (GeTe) e o telureto de bismuto (Bi_2Te_3) e as suas respectivas ligas.

1.6.8.1. Telureto de chumbo (PbTe) e suas ligas - Gama de temperaturas médias

O telureto de chumbo (PbTe) tem uma estrutura cristalina de sal-gema altamente simétrica com o grupo espacial Fm-3m, sendo caracterizado por uma rede cúbica de face centrada (FCC). Este semicondutor pode apresentar tanto um comportamento do tipo p (PbTe rico em telúrio) como do tipo n (PbTe rico em chumbo). Este material apresenta particularmente uma boa figura de mérito na gama de temperaturas médias de 500 a 800 K, sendo um TEG promissor para aplicações como a indústria automóvel (Figura 14). [18]

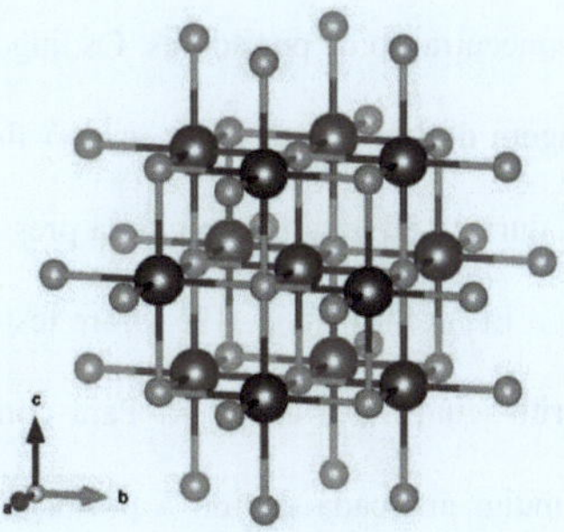

Fig. 14. Representação da estrutura cristalina do PbTe; onde a esfera cinzenta representa o átomo de chumbo e a verde o telúrio.

As amostras a granel (2 × 2 × 10 mm^3) de Pb dopado com sódio $(Na)_{1-x}$ Na S_{xy} Te_{1-y} . A síntese foi efectuada preparando em primeiro lugar Pb_{1-x} Na_x Te e Pb_{1-x} Na_x S através de prensagem e trituração a quente, fundindo finalmente os dois pós em conjunto (até 1383 K) e arrefecendo subsequentemente e rapidamente o material fundido. A estrutura do material consiste numa matriz de PbTe na qual estão dispersos nanodomínios de PbS e, finalmente, foi efectuada a dopagem com Na para obter um semicondutor do tipo p. O desempenho TE mais elevado foi alcançado pelo material $Pb_{0.88}$ Na $S_{0.120.12}$ $Te_{0.88}$, que demonstrou um valor ZT igual a 1,8 a 800 K. Embora este material seja muito caro, as promissoras propriedades TE realçam o potencial deste telureto

Como exemplo final, foi preparada uma amostra a granel sinterizada de Na_x Eu_y Sn Pb_{qx+y-q} Te. Em primeiro lugar, os pós com x ≤ 0,05, y ≤ 0,05, q ≤ 0,03 foram preparados fundindo as quantidades estequiométricas de elementos puros a 1300 K durante 6 h, depois extinguiram o material em água fria e concluíram o processo realizando 10 semanas de recozimento (700, 800 e 900 K). Finalmente, os pós foram ligados mecanicamente com SnTe e EuTe para ajustar a estrutura de banda e dopados com Na para aumentar a concentração de portadores. Os lingotes finais foram triturados à mão e moídos por moagem de bolas para obter um pó fino que foi sinterizado em amostras a granel a 877 K durante 30 minutos com uma pressão uniaxial aplicada de 60 MPa. As amostras de $Na_{0.03}$ $Eu_{0.03}$ Sn $Pb_{0.020.92}$ Te foram testadas, obtendo-se um valor máximo de figura de mérito igual a 2,5 a 900 K. Para concluir, investir em PbTe é atualmente uma escolha muito arriscada devido à proibição do perigoso chumbo na indústria; recentemente, o estanho (Sn) tem sido estudado como um possível substituto do Pb.

1.6.8.2. Telureto de estanho (SnTe) e suas ligas - Gama de temperaturas médias

O telureto de estanho tem sido amplamente estudado como um possível substituto do PbTe para reduzir o impacto ambiental do chumbo. No entanto, até à década de 1980, quando a otimização da figura de mérito não era tão estudada como agora, não era considerada uma alternativa possível devido aos seus baixos valores de ZT. O SnTe tornou-se um tópico popular após a revolução da engenharia de bandas e da nanoestruturação. Alguns exemplos destacam um valor ZT de pico a 900 K igual a 1,4. A estrutura cristalina do sal-gema SnTe (grupo espacial Fm3m) é formada por duas redes cúbicas de face centrada interpenetrantes, e a complexa estrutura de bandas garante muitos graus de liberdade para otimizar o desempenho do material TE; atualmente, as estratégias de otimização para o SnTe baseiam-se principalmente na adição de dopantes durante o fabrico das amostras. A estrutura cristalina do SnTe é apresentada na Figura 15.

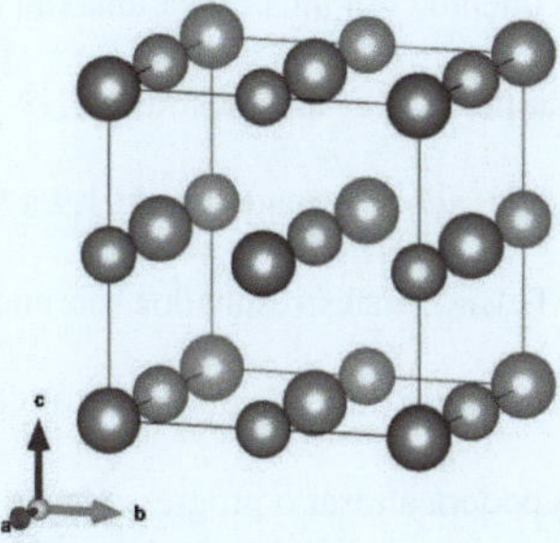

Fig. 15. Representação da estrutura cristalina do telureto de estanho; o átomo de estanho é representado pelas esferas verdes e os átomos de telúrio são representados pelas esferas cinzentas

De forma semelhante aos materiais à base de PbTe, o SnTe é aplicado na gama de temperaturas médias, apresentando um melhor desempenho entre 700 e 950 K; as poucas aplicações deste material TE têm sido no sector automóvel. A título de exemplo, foram produzidas amostras a granel de $Sn_{1.04-3x}$ Ca_{2x} In_x Te ($0 \leq x \leq 0,04$) de elevado desempenho através da síntese auto-propagante a alta temperatura (SHS) e da sinterização por corrente contínua (DCS) modificadas. A dopagem dupla foi utilizada para melhorar os parâmetros TE do telureto de estanho para ter condução do tipo p. O valor ZT mais elevado foi demonstrado por amostras com a composição $Sn_{0.92}$ $Ca_{0.08}$ $In_{0.04}$ Te, com um valor ZT superior de 1,65 a 840 K. Fabricou amostras a granel Sn1-x-y+δGe Mn_{yx} Te$(Cu_2\ Te)_{0.05}$ (com $x \leq 0,3$, $y \leq 0,25$, $\delta \leq 0,08$) de elevado desempenho (discos com diâmetro de 12 mm e espessura de 1,5 mm). O processo baseia-se na produção da liga Sn1-x-y+δGe Mn_{yx} Te, seguida de liga para Sn1-x-y+δGe Mn_{yx} Te$(Cu_2\ Te)_{0.05}$. O procedimento consistiu, em primeiro lugar, em fundir o pó elementar puro a 1223 K durante 6 h, depois arrefecer o material em água fria e recozer a 950 K durante 48 h; finalmente, os lingotes foram triturados à mão e as amostras foram fabricadas por prensagem a quente com uma carga uniaxial de 60 MPa a 950 K durante 45 min. A liga foi efectuada para obter as amostras $Sn1\text{-}x\text{-}y+\delta Ge\ Mn_{yx}\ Te(Cu_2\ Te)_{0.05}$ em massa. O valor ZT mais elevado alcançado foi de 1,9 a 900 K, testando as amostras $Sn_{0.83}\ Ge\ Mn_{0.050.2}\ Te(Cu_2\ Te)_{0.05}$. Estes resultados são encorajadores para uma futura substituição dos materiais TE à base de PbTe por SnTe; no entanto, o fabrico complexo e dispendioso deste telureto poderá atrasar o progresso neste domínio.

1.6.8.3. Telureto de germânio (GeTe) e suas ligas - Gama de temperaturas médias

O GeTe é caracterizado por duas estruturas cristalinas diferentes: a estrutura cúbica a alta temperatura (c-GeTe) e a estrutura romboédrica a baixa temperatura (r-GeTe); a transição entre as duas ocorre a cerca de 720 K. A quebra de simetria devida a essa transição implica alterações importantes na estrutura das bandas. No entanto, o GeTe é principalmente aplicado na gama de temperaturas médias até 800 K e foi estudado particularmente na sua simetria cúbica no passado, obtendo uma figura de mérito próxima de 2,4 em alguns trabalhos. Por outro lado, a estrutura romboédrica tem sido estudada nos últimos anos para aplicações na gama média abaixo de 700 K, demonstrando desempenhos excepcionais. Uma representação da estrutura do GeTe é mostrada na Figura 16.

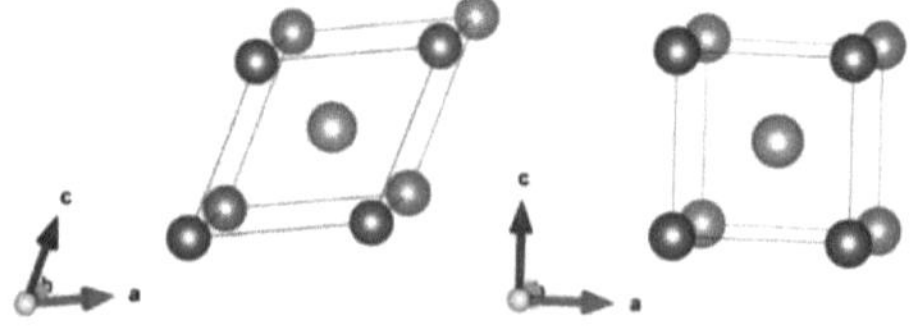

Fig. 16. As estruturas cristalinas do GeTe romboédrico a baixa temperatura (à esquerda) e cúbico a alta temperatura (à direita) estão aqui representadas; as esferas cinzentas representam o germânio e as amarelas o telúrio.

Para testar o efeito da dopagem com Bi nos sítios Ge, foram preparadas amostras a granel de Ge $Pb_{0.90-x0.10}$ Bi_x Te. O fabrico consistiu na fusão dos pós elementares puros, seguida de têmpera em água fria e, finalmente, recozimento a 973 K durante 72 h. Os lingotes foram triturados e, em seguida, foram preparadas amostras em forma de disco por sinterização a 823 K durante 3 min com uma pressão uniaxial de 50 MPa. O valor de mérito mais elevado foi de cerca de 1,1 a 600 K, o que foi conseguido ao testar as amostras de Ge $Pb_{0.860.10}$ $Bi_{0.04}$ Te. O material não dopado (Ge $Pb_{0.900.10}$ Te) mostrou um valor ZT abaixo de 0,3 a 600 K. Um valor de fator de potência de 2 $mW \cdot m^{-1} \cdot K^{-2}$ a 523 K ao testar filmes finos de Ge-Sb-Te ricos em GeTe recozidos a 450 ° C (para a maioria dos dispositivos autoalimentados, 1 $mW \cdot m^{-1} \cdot K^{-2}$ é suficiente). Nesse caso, os filmes foram depositados em um substrato de sílica via pulverização catódica por magnetron de radiofrequência à temperatura ambiente; após o recozimento a 450 ◦C, a espessura do filme fino era de cerca de 338 nm.

1.6.8.4. Telureto de bismuto e suas ligas - Gama de temperaturas baixas e médias

O bismuto, por si só, comporta-se como um metal, mas quando ligado ao telúrio, comporta-se como um semicondutor; além disso, o Bi_2 Te_3 apresenta um elevado desempenho TE. Este material é escolhido pela maioria das empresas porque as aplicações comerciais actuais se situam perto da temperatura ambiente, onde o Bi_2 Te_3 e as suas ligas apresentam o valor de mérito mais elevado (pode funcionar até 600 K). A estrutura do telureto de bismuto está representada na Figura 17. O Bi_2 Te_3 cristaliza no sistema trigonal (grupo espacial R○3m) e a célula é hexagonal. A sua estrutura consiste em 15 camadas empilhadas ao longo do eixo c (Figura) e mostra a combinação de pilhas de três camadas de composição TeBiTeBiTe. O poliedro de coordenação de cada átomo é um octaedro distorcido. A distância média entre duas camadas de átomos foi avaliada em cerca de 2 Å.

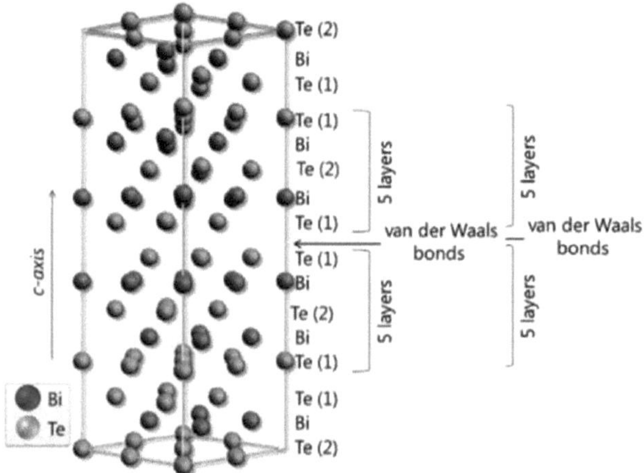

Fig. 17. Estrutura cristalina do telureto de bismuto. Os números 1 e 2 indicam as diferentes camadas da estrutura

As fases Bi-Te partem de Bi (0 at% Te) para atingir a estabilidade quando a composição é Bi_2 Te_3 (66 at% Te), passando por seis fases diferentes com o aumento do teor atómico de Te. Este sistema de liga é caracterizado pela formação de uma fase intermédia (β) com fusão congruente a 858 K e região de homogeneidade de 52 a 65 at% Te. Depois disso, a estabilidade da fase é atingida (Bi_2 Te_3). Os materiais de telureto de bismuto dopados são designados por BST e a sua composição é Bi_2 Te_{3-x} Se_x para as pernas de tipo n e Bi Sb_{2-xx} Te_3 para as pernas de tipo p. Nos últimos tempos, tem sido efectuada investigação sobre novas estratégias de dopagem para o telureto de bismuto, utilizando elementos como o chumbo, o germânio e o manganês. No entanto, o telureto de bismuto apresenta os melhores desempenhos TE quando ligado com Se e Sb. Além disso, os dispositivos baseados em elementos como o Pb e o Ge são poluentes e difíceis de eliminar. Os investigadores conseguiram preparar um dispositivo TE relativamente eficiente para gerar corrente eléctrica a partir do calor do corpo através da síntese de telureto de bismuto do tipo n dopado com Se: $Bi_2\ Te_{2.7}\ Se_{0.3}$. Nesse caso, à temperatura ambiente, a condutividade térmica atingiu valores tão baixos como 0,65 Wm K^{-1-1} e um elevado coeficiente Seebeck absoluto de -297 μVK^{-1} e também uma elevada figura de mérito termoelétrico, ZT, de 0,87. O ZT médio de 0,82 em toda a gama de temperaturas (de 298 K a 498 K). Como exemplo adicional, a figura de mérito tão elevada como 1,3 à temperatura ambiente foi obtida por nano-estruturação in situ de $Bi\ Sb_{0.51.5}\ Te_3$, durante a recristalização, dando assim crédito à abordagem em pequena escala. O processo foi replicável mesmo à escala industrial. Por conseguinte, o telureto de bismuto e as suas ligas são considerados como os melhores materiais para geradores termoeléctricos quando a fonte se encontra a temperaturas moderadas (desde a temperatura ambiente até 473 K). A título de exemplo, foi fabricado um sistema de monitorização totalmente auto-alimentado e flexível, baseado em telureto de bismuto, através da deposição das pernas de tipo n em $Bi\ Sb_{0.51.5}\ Te_3$ e das pernas de tipo p em $Bi_2\ Se_{0.2}\ Te_{2.8}$ num substrato de poliimida (125 µm de espessura). O material foi depositado através de um processo de microestruturação lift-off e depois montado de forma semelhante a uma pulseira (área 4 × 16 cm^2). Considerando uma diferença de temperatura de cerca de 13 K (diferença entre a temperatura da pele humana e a temperatura ambiente), o dispositivo produziu uma potência de saída de 4,1 mW, o que é suficiente para alimentar um sistema de monitorização vestível (até 3,5 mW). Por último, a investigação em torno dos TEM para aplicações a temperaturas baixas e moderadas (dispositivos portáteis, automóveis, dispositivos de sistemas de saúde e microeletrónica) centra-se no telureto de bismuto e nas suas ligas devido à sua facilidade de fabrico, ao seu baixo custo em comparação com outros TEM de elevado desempenho (por exemplo, SKU) e aos desempenhos suficientemente elevados que o tornam a solução mais adequada.[19]

É igualmente importante, tal como a conceção dos dispositivos, abordar questões como a fiabilidade e o tempo de vida dos dispositivos TE. Um dos mecanismos de falha mais críticos, se não o mais crítico, para os dispositivos TE é a forte tensão termomecânica na interface entre o semicondutor e o metal, induzida pelo funcionamento a longo prazo e pelos ciclos térmicos. Além disso, para alguns dispositivos termoeléctricos de arrefecimento (TDG), como os dispositivos de película fina, as resistências de contacto eléctricas e térmicas acabam por dominar e limitar grandemente o desempenho dos dispositivos TE. Estes problemas exigem o desenvolvimento de uma camada de contacto correspondente para cada material TE. A camada de contacto implementada deve não só minimizar as resistências de contacto eléctricas e térmicas parasitas intrínsecas, mas também ser química e eletricamente estável a longo prazo em condições de funcionamento extremas, especialmente para geradores que funcionam a altas temperaturas. Não é possível aplicar uma TDG sem resolver com êxito os problemas de contacto, como a incompatibilidade dos coeficientes de expansão térmica (CTE), as reacções químicas, a difusão de massa, *etc.*

1.7. ELÉCTRODO

Os eléctrodos são componentes-chave nos TED, uma vez que desempenham o papel de condutores de eletricidade. Na maioria dos TEDs convencionais, os materiais dos eléctrodos são o cobre devido ao seu elevado σ, que também pode ajudar a suprimir a resistência eléctrica interna global. Para os dispositivos termoeléctricos flexíveis (F-TEDs), a conceção dos eléctrodos torna-se mais complicada porque os eléctrodos necessários devem ser simultaneamente altamente condutores e flexíveis. O cobre continua a ser um bom material para eléctrodos devido à sua boa ductilidade, mas a sua espessura tem de ser controlada dentro de um valor específico para manter a sua caraterística flexível. Para além do cobre, a prata é também um material de elétrodo comummente utilizado para F-TEDs devido à sua elevada σ e ductilidade, e a pasta ou fita de prata são bons candidatos para ligar elementos termoeléctricos flexíveis em substratos flexíveis com boa adesão entre diferentes componentes. É de notar que, na maioria dos F-TED, os materiais dos eléctrodos são geralmente materiais metálicos com κ elevado, o que provoca fugas de calor em ambos os lados do dispositivo. Por conseguinte, estes dispositivos dificultam a manutenção da diferença de temperatura e melhoram a eficiência da conversão de energia.

1.8. CAMADA DE TRANSIÇÃO

O estado da interface entre a camada de metalização e o módulo termoelétrico também afecta o desempenho dos TEDs, o que é causado pelos processos de ligação de materiais, como a soldadura, a brasagem, a deposição eletroquímica, o revestimento sem eléctrodos e os processos de pulverização catódica. Nas interfaces dos materiais, a rugosidade local, a oxidação e a absorção de gases podem influenciar a dispersão de fonões e bloquear o transporte de cargas, o que afecta a resistência térmica e eléctrica nessas interfaces. Para reduzir estes efeitos interfaciais, a afinação racional da pressão de carga e a seleção cuidadosa dos materiais da interface podem reduzir eficazmente a resistência térmica de contacto e eliminar o micro-gap. Entretanto, o controlo da forma da superfície de contacto pode melhorar eficazmente a relação entre os componentes termoeléctricos e, por sua vez, suprimir a resistência térmica total, melhorando assim o desempenho. Geralmente, a resistência de contacto da interface pode ser medida com base no princípio de uma sonda de quatro pontos. Uma camada de transição (ou o chamado material de barreira) é útil para evitar a difusão do elemento entre as pernas termoeléctricas e os eléctrodos e pode prolongar a vida útil do dispositivo e manter a sua elevada eficiência, especialmente no caso dos F-TEDs em que o dispositivo pode sofrer muitas vezes de flexão. Esta camada de transição pode reduzir eficazmente a resistência eléctrica/térmica entre as pernas termoeléctricas e os eléctrodos, melhorando assim o desempenho termoelétrico global e a estabilidade das F-TED. Para dispositivos de base inorgânica, devido às fracas propriedades de molhagem entre a maioria dos materiais semicondutores e a solda, a soldadura direta não pode ser realizada. Geralmente, a metalização é necessária nos dois lados das pernas termoeléctricas antes da soldadura. O Ni tem boas propriedades de soldadura e é mais frequentemente escolhido como o material da camada de metalização. Os métodos habitualmente utilizados para depositar camadas de transição de Ni incluem pulverização catódica por magnetrões, deposição eletroquímica, revestimento sem eléctrodos e outros processos. Na indústria de refrigeração termoeléctrica, a deposição eletroquímica é o método mais comum. Dependendo do objetivo da utilização, a espessura da camada de Ni é de cerca de 0,5-10 μm. Do mesmo modo, nas skutterudites, o Pd pode ser utilizado como camadas de transição para ligar as skutterudites e os eléctrodos de Cu, sendo também introduzidas camadas de transição de Ti para ligar as skutterudites às ligas de Mo ou Mo-Cu. Em termos de dispositivos orgânicos e de base híbrida, existem muito poucos trabalhos que relatem as concepções das camadas de transição. Por conseguinte, existe ainda um espaço considerável para este tópico de investigação. Alguns trabalhos utilizaram interligações de metal líquido para reforçar as ligações entre as pernas termoeléctricas e os eléctrodos no F-TED, que desempenham papéis semelhantes aos das camadas de transição Após a seleção do elétrodo, da camada de transição e dos materiais termoeléctricos, uma questão importante que tem de ser resolvida é a supressão da resistência de contacto nas interfaces entre estes componentes. Até à data, foram desenvolvidos alguns métodos para atingir este objetivo. Por exemplo, para F-TEDs com elementos termoeléctricos mini-bulk, a preparação em uma etapa do TED refere-se à preparação simultânea de materiais tipo p e tipo n por sinterização por plasma ou tecnologia de prensagem a quente, e à soldagem dos materiais do elétrodo, materiais de barreira e materiais termoeléctricos juntos por um método de sinterização em uma etapa. Este processo integrado combina o fabrico num só passo com a tecnologia de ligação interfacial de alta estabilidade, de modo que é fácil obter uma ligação de alta resistência de materiais termoeléctricos e eléctrodos, evitar o impacto de alta temperatura da soldadura subsequente de materiais termoeléctricos e obter uma baixa resistência de contacto de interface. No entanto, este método não é adequado para alguns materiais termoeléctricos inorgânicos com elevada anisotropia e baixos pontos de fusão, bem como para a maioria dos materiais termoeléctricos orgânicos e de base híbrida. Outro método é descrito como a deposição simultânea de materiais de eléctrodos, materiais de barreira e películas finas termoeléctricas, passo a passo, num substrato flexível através de métodos de deposição específicos (como a pulverização catódica por magnetrão), utilizando diferentes materiais-alvo, o que visa reduzir a resistência de contacto entre os diferentes componentes e é útil para o fabrico de F-TEDs inorgânicos baseados em películas finas ou finas. Além disso, este método também pode realizar o padrão racional das F-TEDs concebidas para reduzir a sua resistência interna global.

1.9. GEOMETRIA DAS PERNAS TERMOELÉCTRICAS

A relação de aspeto do módulo termoelétrico e a geometria da perna termoeléctrica afectam significativamente o desempenho dos TED. Num ambiente com fontes de calor de placa plana, uma perna termoeléctrica mais curta conduz normalmente a uma maior potência de saída P, mas a uma resistência térmica relativamente baixa, η. Para fontes de calor irregulares, o desempenho dos F-TEDs anulares e segmentados geralmente apresenta resultados diferentes. Com o aumento do comprimento da perna, a P do dispositivo anular é aumentada, enquanto a P do dispositivo segmentado é reduzida. Atualmente, existem muitos tipos de pernas termoeléctricas, como as do tipo Y, X, I, trapézio, ampulheta, pirâmide e retângulo oco. Entre eles, a perna trapezoidal pode manter o ΔT e aumentar o η dos TEDs em 2,32% em comparação com os dispositivos compostos por pernas rectangulares. Do mesmo modo, as pernas X simples podem aumentar o ω das F-TED em 19% em relação ao dispositivo composto por pernas rectangulares. A diversidade considerável no tipo de perna fornece mais ideias para a conceção de novos TEDs para melhorar η e a adaptabilidade ambiental. Para além dos factores acima referidos, a espessura da película, a densidade da perna termoeléctrica e o fluxo de ar podem também afetar o desempenho das TED. Entre eles, a espessura de um material desempenha um papel significativo na determinação da sua flexibilidade, bem como do F-TED. De um modo geral, para materiais específicos (por exemplo, metais como o cobre e a prata), quando se reduzem as suas espessuras de forma de massa para forma de película, a sua flexibilidade torna-se óbvia devido à sua ductilidade intrínseca, portanto semelhante à dos semicondutores termoeléctricos convencionais ou das cerâmicas. [20]

1.10. SUBSTRATO E MATERIAIS DE ENCHIMENTO

Um módulo termoelétrico com um par de substratos, uma pluralidade de contactos condutores de eletricidade num dos lados de cada um dos substratos e uma pluralidade de elementos termoeléctricos do tipo P e do tipo N ligados eletricamente entre lados opostos do par de substratos com a pluralidade de contactos condutores, em que a pluralidade de contactos condutores liga elementos adjacentes do tipo P e do tipo N em série e em que cada um dos elementos do tipo P e do tipo N tem uma primeira extremidade ligada a uma das pluralidades de contactos condutores de um dos substratos e uma segunda extremidade ligada a uma das pluralidades de contactos eléctricos do outro substrato.

A maioria dos TED convencionais necessita de substratos rígidos e espessos para suportar as pernas termoeléctricas, os eléctrodos, os fios e, por vezes, os materiais de enchimento. Normalmente, os substratos cerâmicos foram amplamente utilizados como materiais de substrato no C-TEM. Para o F-TEM, era necessário um substrato fino e flexível. A flexibilidade do substrato determina diretamente a flexibilidade global do F-TED, especialmente para os F-TED compostos por pernas termoeléctricas inorgânicas rígidas. Para além da flexibilidade, um bom substrato deve também ser altamente extensível e suportar certos choques físicos ou térmicos externos. Para a maioria dos F-TEDs baseados em película fina, o substrato normalmente utilizado é a poliimida, que pode resistir a altas temperaturas de < 500 ◦C com alta flexibilidade e elasticidade. Do mesmo modo, as membranas de nylon e o tereftalato de polietilenoglicol (PET) são também utilizados como substratos flexíveis para as F-TED. Em comparação com estes substratos relativamente finos, são também utilizados substratos flexíveis muito mais espessos, como o PDMS e a matriz de elastómero impressa em 3D, que podem incorporar as pernas termoeléctricas e garantir uma elevada estabilidade durante o funcionamento. O PDMS é também um material de enchimento comummente utilizado para F-TEDs que pode proteger as pernas termoeléctricas e os eléctrodos, especialmente durante a flexão. A conceção de materiais de enchimento PDMS porosos com um κ baixo de 0,08 W m^{-1} K^{-1} pode ajudar a reforçar a flexibilidade do F-TED e manter 91,5% do ΔT externo. Algumas TED podem ser incorporadas em têxteis ou tecidas diretamente no tecido, especialmente no caso dos materiais termoeléctricos à base de fibras e das F-TED relacionadas. Estas F-TED têxteis são importantes para o desenvolvimento de têxteis inteligentes para uma termorregulação personalizada. Para além disso, alguns materiais de suporte simples, como espuma e papel, também podem ser utilizados como substratos flexíveis para TEDs. Para as F-TEDs de base inorgânica, para além dos substratos acima referidos, existem também muitas concepções únicas para realizar os substratos flexíveis, tais como ligações de polímeros semelhantes a cadeias e estruturas de tecido de vidro. É de notar que existem também alguns F-TED sem substratos, uma vez que as pernas e os fios termoeléctricos são ambos flexíveis, indicando uma caraterística autónoma. No entanto, as propriedades mecânicas e a estabilidade destes dispositivos podem ser insuficientes.

Para além da escolha de todos estes materiais, é obrigatória a escolha inteligente da melhor arquitetura TE. A arquitetura do dispositivo inclui o próprio princípio de conversão TE (efeitos TE longitudinais e transversais, ou TDG de junção pn), a adoção da forma geométrica (cuboide ou cilíndrica) e do tamanho (em bloco, película fina ou película espessa) e a sua flexibilidade (rígida ou flexível).

1.11. ARQUITECTURA DO DISPOSITIVO TE

1.11.1. Dispositivo ET plano a granel

Um TDG plano na sua arquitetura padrão utiliza o efeito Seebeck longitudinal, em que a corrente eléctrica e a corrente térmica são paralelas entre si. O TDG tem a forma geométrica de um cuboide e é construído a partir de pernas maciças e alternadas de materiais termoeléctricos a granel do tipo p e n, normalmente semicondutores. Normalmente, uma pilha de várias camadas de metalização na parte superior e inferior das pernas TE estabelece os contactos térmicos e eléctricos. As pernas metalizadas são montadas entre duas placas cerâmicas parcialmente metalizadas, de modo a estarem ligadas eletricamente em série e termicamente em paralelo. São sobretudo utilizadas cerâmicas à base de alumina (Al O_{23}), que são metalizadas por uma estrutura de contacto de cobre diretamente revestido (DPC). As cerâmicas de nitreto de alumínio (AlN), que são mais caras, podem ser preferidas devido à sua maior condutividade térmica em comparação com o Al O_{23} . Para recolher a energia, o TDG deve ser colocado em contacto estreito com a fonte de calor e o dissipador de calor (Figura 18).

Fig. 18. Arquitetura convencional de um dispositivo TE plano e em bloco

Com determinadas temperaturas-limite e propriedades dos materiais (tanto dos materiais TE como do material de contacto), o desempenho dos dispositivos TE planos em bloco é determinado por factores geométricos, incluindo a configuração e a disposição das pernas TE. A estrutura plana a granel é a arquitetura de dispositivo mais discutida, e muitos protótipos de TEG existentes são construídos com base nesta arquitetura. A recuperação de calor residual de motores de combustão em automóveis é a aplicação mais discutida dos TEG (ou seja, um ATEG) com base em TDG de massa plana. A maioria dos estudos sobre a eficiência dos automóveis mostrou os efeitos benéficos da integração do ATEG, mesmo com o peso adicional do ATEG. O lado quente é aquecido pelo calor residual ou pelo líquido de arrefecimento do motor, e o lado frio do ATEG é arrefecido pelo líquido de arrefecimento do motor ou pelo ar ambiente. Os ATEGs corretamente concebidos podem manter uma diferença de temperatura de centenas de Kelvins, permitindo assim uma potência de saída tão elevada como 1000 W. Globalmente, é de esperar um aumento da eficiência do combustível entre 1% e 4% com a aplicação de TEGs. [21]

Um outro TEG baseado em TDG de placa plana amplamente discutido utiliza a radiação solar concentrada como fonte de calor (ou seja, um TEG solar, STEG) devido à sua abundância e elevada densidade energética. Uma vez que não é necessário um permutador de calor para a transferência radiativa de calor, o STEG diminui a perda de calor e permite um acoplamento direto entre o TEG e a fonte de calor. A eficiência (η) de um STEG é uma função do fluxo radiativo e do acoplamento radiativo com o material do conversor, que tem de ser adaptado para reduzir os efeitos de re-radiação e a deterioração térmica. Utilizando a concentração térmica, foram demonstrados STEGs de elevado desempenho com uma eficiência de até 4,6%. Para aumentar ainda mais a eficiência de conversão dos STEGs, a exploração do efeito foto-Seebeck ou a adição de absorventes plasmónicos são rotinas possíveis. Além disso, o efeito de fotodopagem oferece inúmeras novas vias para a fototermoelectricidade e merece uma investigação mais aprofundada.

1.11.2. Dispositivos TE cilíndricos a granel

Uma outra conceção proposta para um dispositivo TE a granel é a forma cilíndrica, como se mostra na figura. Esta conceção é vantajosa para aplicações como oleodutos, canais de arrefecimento para transformadores de centrais eléctricas, tubos de escape de veículos, etc., em que o fluxo de calor se processa na direção radical. Experimentalmente, os módulos tubulares de PbTe foram preparados através de um processo de sinterização assistida por corrente com moldes de sinterização especialmente concebidos para o efeito. Em 2015, uma empresa chamada Gentherm desenvolveu protótipos de módulos cilíndricos de PbTe e aplicou-os para aumentar a eficiência energética dos veículos, tendo sido possível obter uma potência de saída de ≈30 W para o módulo individual em condições óptimas (Figura 19).

Fig. 19. Dispositivos TE de forma cilíndrica

1.11.3. Dispositivos de ET de película espessa

Os geradores microtermoeléctricos (μTEDGs) e os refrigeradores microtermoeléctricos (μTDCs) têm sido fabricados há mais de duas décadas para aplicações principalmente na gestão térmica, como o arrefecimento pontual ou o arrefecimento da eletrónica de potência. Os materiais TE são geralmente concebidos com uma espessura na gama dos micrómetros a sub-milímetros, pelo que é possível obter elevadas densidades de fluxo de calor e potência de arrefecimento com a conceção adequada do dissipador de calor e do substrato. Para um arrefecimento de elevado desempenho, foi utilizado como material de substrato o AlN ou o diamante através de uma técnica de deposição química de vapor. Foi discutido que os μTDC, quando funcionam não em estado estacionário mas em regime transitório, poderiam fornecer uma potência de arrefecimento ainda maior devido a um efeito de arrefecimento transitório (Figura 20).

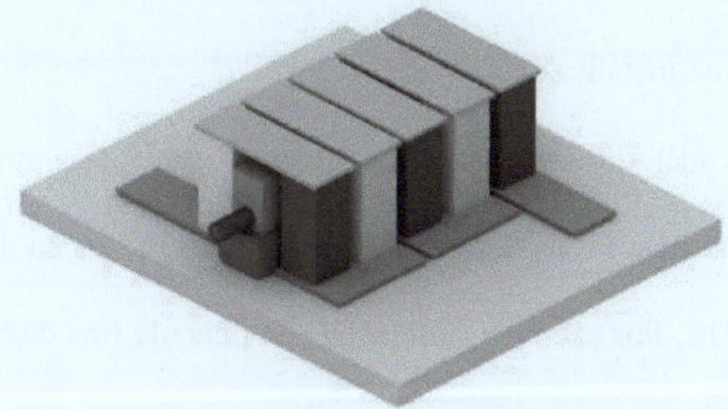

Fig. 20. Esquema de um μTDC integrado para a estabilização térmica de um dispositivo ótico num substrato de bolacha

A deposição eletroquímica é a técnica mais preferível para fabricar dispositivos μTE de película espessa em comparação com outras técnicas de deposição, como a evaporação ou a pulverização catódica, se as pernas de espessura micrométrica ou submilimétrica forem depositadas em cavidades. Para além disso, é comparativamente barata e compatível com a tecnologia de base de semicondutores de óxidos metálicos complementares (CMOS). De facto, os primeiros μTDCs do laboratório de propulsão a jato da NASA (Pasadena, Califórnia) utilizaram a deposição eletroquímica. A deposição eletroquímica de materiais TE convencionais foi consequentemente optimizada por vários grupos. Um μTDG constituído por 126 pernas TE de tipo n e tipo p $(BiSb)_2 Te_3$ obtido por deposição eletroquímica foi realizado por investigação. Descreve o fabrico de um μTDG através da deposição eletroquímica sequencial de material tipo n e tipo p numa bolacha de silício. As actividades de investigação e desenvolvimento neste domínio incluem as diferentes etapas de fabrico e a disposição do dispositivo. As etapas de fabrico compreendem a modelização e a deposição da camada de contacto inferior, a estruturação das cavidades e a subsequente deposição do primeiro material TE, a estruturação e a subsequente deposição do segundo material TE, protegendo simultaneamente o primeiro depósito TE, e seguidas da deposição estruturada do contacto superior (ponte metálica).

Para além dos métodos de deposição eletroquímica, foram aplicados com êxito métodos de deposição física em combinação com a estruturação litográfica para o fabrico de μTDG/μTDC. Por exemplo, um μTDC de película fina de SiGe foi realizado por epitaxia de feixe molecular. Utilizando métodos de pulverização catódica, as pernas do tipo n e p foram processadas em duas bolachas de silício separadas que foram depois unidas mecanicamente para formar μTDGs por soldadura ou ligação por difusão. Esta abordagem resulta numa disposição plana das pernas termoeléctricas e numa integração monolítica num substrato de silício com controlo preciso da altura das pernas. A técnica de fabrico é compatível com a tecnologia CMOS e com os processos de película fina e não requer técnicas de união adicionais. As técnicas de deposição planar foram combinadas com processos de fabrico de sistemas 3D/anuais para obter uma plataforma geradora modular, que é mais flexível no que respeita à seleção de materiais e geometria. As elevadas resistências internas da ordem, nos piores casos, de até MΩ e a complexa tecnologia de fabrico são problemas intrínsecos dos dispositivos μTE. Normalmente, são necessárias várias etapas de litografia e deposição, por vezes etapas adicionais de polimento mecânico e/ou manuseamento, e o processamento é efectuado principalmente em salas limpas ou, pelo menos, num ambiente de laboratório suficientemente limpo. Este facto constitui um certo obstáculo à sua aplicação.[22]

1.11.4. Dispositivos de ET flexíveis

O fabrico de dispositivos TE através de técnicas de fabrico inovadoras visa atenuar a inflexibilidade típica da conceção e as técnicas de fabrico convencionais e subtractivas de custo elevado. O resultado é que os dispositivos de ET têm uma forma flexível. Para citar apenas as mais importantes, as técnicas de fabrico incluem a impressão, o fabrico aditivo, a pulverização térmica, a mistura por fusão de materiais compósitos, as técnicas de processamento metalúrgico e a reestruturação assistida por laser. Devido à elevada procura de materiais TE que permitam conceitos TEG flexíveis e vestíveis, surgiu nos últimos anos uma multiplicidade de novos materiais e compósitos com propriedades TE competitivas. Em comparação com os materiais TE tradicionais, as vantagens dos polímeros são evidentes: contêm elementos abundantes e estão amplamente disponíveis, são flexíveis e podem ser facilmente transformados em diferentes formas, além de terem intrinsecamente baixa densidade e condutividade térmica. Por conseguinte, os dispositivos de TE fabricados a partir de eletrónica orgânica ou utilizando compósitos com um componente orgânico são atualmente um tópico emergente, com destaque para a eletrónica flexível.

Devido à elevada procura de materiais TE que permitam conceitos de TEG flexíveis e vestíveis, surgiu nos últimos anos uma multiplicidade de novos materiais e compósitos com propriedades TE competitivas. Em comparação com os materiais TE tradicionais, as vantagens dos polímeros são evidentes: contêm elementos abundantes e estão amplamente disponíveis, são flexíveis e podem ser facilmente transformados em diferentes formas, além de terem uma densidade e uma condutividade térmica intrinsecamente baixas. Por conseguinte, os dispositivos de TE fabricados a partir de eletrónica orgânica ou utilizando compósitos com um componente orgânico são atualmente um tópico emergente, com destaque para a eletrónica flexível. Vários polímeros podem ser utilizados em aplicações de TE, como a utilização de polímeros intrinsecamente condutores como o poli(3,4-etilenodioxitiofeno): poli(estirenossulfonato) (PEDOT:PSS) ou a polianilina (PANI). Recentemente, propôs-se que estes compostos fossem semimetais, o que explica em parte as suas boas propriedades TE. As propriedades de TE dos polímeros podem ser optimizadas em combinação com aditivos condutores; entretanto, existem apenas algumas tentativas para compósitos misturados por fusão devido aos baixos valores de condutividade eléctrica. Devido às fracas propriedades do material do tipo n, os dispositivos TE orgânicos são por vezes construídos como um TEG do tipo p de perna única, em vez da conceção mais comum do tipo p e n. Os dispositivos TE flexíveis e dobráveis foram também realizados através da incorporação de polímeros condutores em redes de nanotubos de carbono.

Recentemente, foram comunicados dispositivos TE imprimíveis e/ou pintáveis, que revelaram adaptabilidades únicas a geometrias aleatórias de fontes de calor. Para a impressão de dispositivos, o desafio é garantir um bom transporte eletrónico. A conceção de tintas e pastas em termos de propriedades físicas, como a molhabilidade e a viscosidade, e a escolha de materiais ligantes e de enchimento adequados são extremamente importantes. Até à data, os compostos de ligantes orgânicos e de materiais de enchimento inorgânicos proporcionam as melhores soluções para estas propriedades parcialmente contraditórias, garantindo um bom transporte eletrónico e uma boa processabilidade. Além disso, para concretizar o conceito de TEGs vestíveis que utilizam pastas TE, foi proposto um tecido de seda como suporte em que o material TE foi depositado em ambos os lados de um tecido de seda para formar colunas TE (Figura 21).

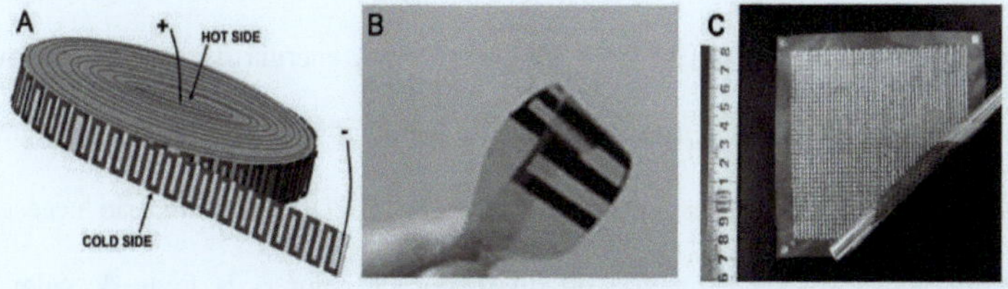

Fig. 21. Dispositivos TE flexíveis. A) Um TDG enrolado em forma de moeda. B) Uma folha de TDG com tintas TE optimizadas produzidas por uma técnica de impressão a jato de tinta. C) Um protótipo de TEG utilizando um compósito de nanotubos de carbono e poliestireno.

1.11.5. Dispositivo ET vestível

O TE vestível é um tipo especial de TE flexível que utiliza o calor do corpo humano. A construção de ET vestíveis enfrenta desafios distintos, incluindo: i) a pequena diferença de temperatura de funcionamento entre o corpo e o ambiente, ii) a necessidade de utilizar o arrefecimento natural por convecção do ar no lado frio do TEG, iii) a exigência de uma construção leve e confortável e iv) o apelo estético. A energia que um GET pode fornecer é definida por estes condicionalismos e pelo calor do corpo humano. Foram estudadas várias posições para integrar um TDG vestível no corpo humano, como o braço, o pulso, o peito, uma camisa de escritório ou um capacete de bicicleta. A caraterização da captação de energia térmica baseada no corpo humano resultou numa densidade de potência de ≈2,2 μW cm^{-2} , um fator de 3 menos do que a densidade de potência dos geradores piezoeléctricos quando a pessoa está a correr a uma velocidade de 7 milhas h^{-1} . No entanto, os dispositivos TE são menos afectados pelo estado de atividade da pessoa e geram mais energia eléctrica no total. Normalmente, os protótipos de GET portáteis geram energia da ordem de algumas dezenas de nanowatts até algumas centenas de nanowatts. Tendo em conta as grandes resistências térmicas entre as interfaces pele/TDG e TDG/ambiente, são necessários projectos cuidadosos da geometria do dissipador de calor e da fonte de calor para aumentar a densidade de potência colhida. Embora tenha sido introduzido um dissipador de calor de cobre para aumentar o desempenho do dispositivo TE, a sua baixa capacidade de desgaste limita a aplicabilidade desta conceção. Uma geometria de aletas em forma de Y para os dissipadores de calor de cobre demonstrou ser eficiente para aplicação no corpo humano. Juntamente com o material TE inorgânico optimizado, foi demonstrado um protótipo de dispositivo que gerou 3 μW cm^{-2} . Além disso, foi relatado que um dispositivo TE integrado numa pulseira produzia 8,6 μW cm^{-2}

abordando o design dos dissipadores de calor de cobre. Remete-se o leitor interessado para várias revisões recentes, que tratam de aspectos específicos dos geradores de energia TE portáteis.

1.11.6. TDGs que utilizam junções pn do lado quente

Os TDGs para altas temperaturas de funcionamento são desejáveis, uma vez que a eficiência da conversão aumenta com a diferença de temperatura através do TDG. No entanto, há que ter em conta os desafios concomitantes no contacto metal-semicondutor do lado quente, como os problemas de estabilidade do material e as tensões termomecânicas. Condições difíceis, como temperaturas extremamente elevadas, podem ser resolvidas por conceitos que dispensem a metalização do lado quente ou que não utilizem completamente um processo de conversão em estado sólido, como acontece com os conversores termiónicos. O conceito de um TDG baseado em junção pn pode eliminar a metalização do lado quente. A ideia tem origem no facto de a junção pn gerar pares eletrão-buraco a altas temperaturas do lado quente. Esta conceção elimina completamente os problemas de contacto entre o metal e o semicondutor no lado quente e, por conseguinte, apresenta um grande potencial para a construção de dispositivos TE fiáveis e de longa duração (Figura 22).

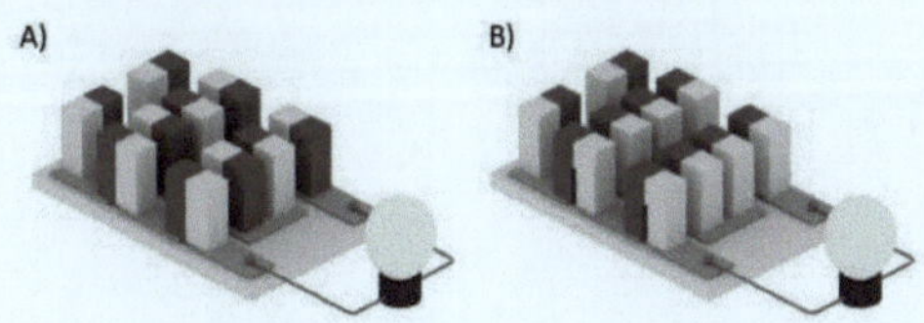

Fig. 22. A). Um pn-TDG com uma junção pn de grande área cobrindo todo o comprimento das pernas do TE. B). Um TDG em forma de U com "sapata quente". Uma camada de isolamento muito fina entre o material TE do tipo p e do tipo n

Enquanto os trabalhos experimentais sobre as TDG de junção pn se baseiam em materiais a granel e no conceito de ligação direta, este conceito aplica-se às TDG de película fina. Argumentaram que seria possível um aumento da eficiência numa TDG de junção pn em comparação com uma TDG convencional devido aos portadores de carga adicionais que são induzidos termicamente no lado quente da TDG de junção pn, separados dentro da junção pn como portadores de acesso após difusão em regiões mais frias e, consequentemente, aumentam a corrente térmica através do dispositivo. Enquanto o trabalho experimental sobre TDGs de junção pn se baseia em materiais a granel e no conceito de ligação direta, este conceito foi proposto para TDGs de película fina. Argumentou-se que seria possível um aumento da eficiência numa TDG de junção pn em comparação com uma TDG convencional devido a portadores de carga adicionais que são induzidos termicamente no lado quente da TDG de junção pn, separados dentro da junção pn como portadores de acesso após difusão em regiões mais frias e, consequentemente, aumentaram a corrente térmica através do dispositivo

1.12. APLICAÇÕES DOS DISPOSITIVOS TERMOELÉCTRICOS

Os geradores termoeléctricos podem ser utilizados em aplicações que requerem elevada fiabilidade e em que a eficiência não é um requisito fundamental, como dispositivos sem fios auto-alimentados, sistemas de monitorização da saúde, motores de automóveis, indústria aeroespacial e eletrónica industrial. Por exemplo, um dispositivo médico que monitoriza a atividade cardíaca de um indivíduo que sofre de uma doença cardíaca deve ser fiável e duradouro, não sendo a eficiência a principal preocupação. As categorias abordadas nesta secção são os dispositivos médicos e portáteis, as redes de sensores sem fios (RSSF), os dispositivos automóveis, aeroespaciais e electrónicos e microelectrónicos.

1.12.1. Dispositivos médicos e vestíveis

O calor do corpo é uma fonte de calor sustentável e pode ser utilizado para alimentar dispositivos termoeléctricos que necessitem de pequenas quantidades de energia térmica; os dispositivos vestíveis e médicos implantados no corpo humano enquadram-se nestes requisitos. Em várias aplicações, como os dispositivos de desporto e fitness e os sistemas de monitorização da saúde sem fios, o corpo humano pode funcionar como uma fonte térmica. O gradiente de temperatura fornecido ao sistema depende principalmente de dois factores: actividades corporais e condições ambientais. No entanto, considerando uma temperatura ambiente de 23° C e uma temperatura corporal de 36° C, o gradiente médio de temperatura é de 13° C, que deve ser utilizado para fornecer menos de 5 mW (isto para dispositivos médicos; os dispositivos desportivos requerem ainda menos energia). No domínio dos dispositivos médicos implantados (IMD), a elevada fiabilidade (fundamental para estas aplicações) e a desnecessidade de baterias (morosas e dispendiosas) fazem dos materiais TE a melhor escolha (Figura 23).

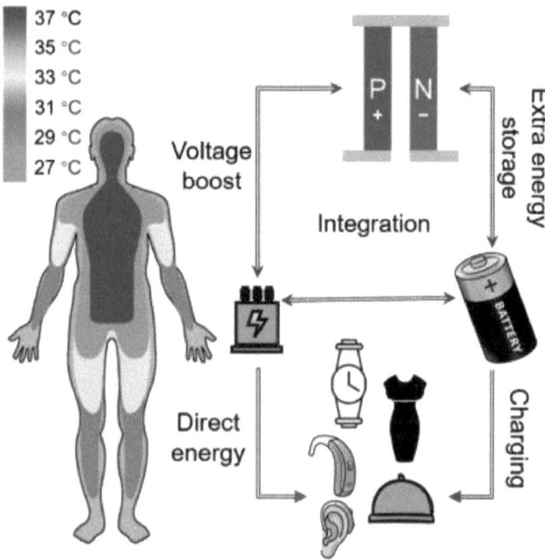

Fig. 23. Ilustração da distribuição da temperatura corporal e diagrama esquemático das estratégias de otimização do dispositivo

Além disso, as TED têm implicações consideráveis para os dispositivos médicos implantáveis. Atualmente, muitas doenças graves, como as doenças cardíacas e a diabetes, não podem ser curadas diretamente, podendo apenas ser curadas pelos mecanismos do corpo com a ajuda de dispositivos. Por conseguinte, muitos dispositivos médicos, como articulações artificiais, enxertos vasculares, implantes cocleares, bombas de medicamentos e pacemakers, têm de funcionar durante meses ou décadas no interior do corpo, o que exige uma fonte de energia estável e de longa duração. Um exemplo típico é a desfibrilhação cardíaca, em que os doentes equipados com estes dispositivos vivem normalmente mais de uma década, mas estes desfibrilhadores dependem principalmente de baterias de lítio para funcionarem durante uma média de apenas 4,7 anos. A implantação cirúrgica repetida de desfibrilhadores pode representar um encargo clínico e financeiro significativo para os doentes. Além disso, quando os desfibrilhadores alimentados por pilhas de lítio têm pouca energia, podem sofrer de instabilidade de tensão, o que pode pôr em perigo a vida dos doentes. Historicamente, também existem desfibrilhadores movidos a energia nuclear que utilizam plutónio-238 para energia e metais inertes de platina, ouro e tântalo para blindagem. Apesar de ser seguro e eficaz no prolongamento da vida útil do dispositivo, o preço médio de um desfibrilhador nuclear é de 3.200 dólares, o que limita a sua ampla aplicação. Os desfibrilhadores de base termoeléctrica podem tirar partido do desempenho superior dos compostos de Bi e Te numa embalagem de poliimida de 12,5 mm para formar módulos termoeléctricos de 1 ~ 3 mm de espessura, que podem atingir um S de 97 $\mu V\ K^{-1}$ e alimentar adequadamente os desfibrilhadores ao nível dos mW. O presente estudo mostra que o dispositivo flexível horizontal do tipo π integrado com um grande número de pólos p-n pode atingir um V_{oc} de 7 mV em experiências in vitro a um ΔT de apenas 1,4 K e de 25 mV em coelhos a um ΔT de 5,7 K.

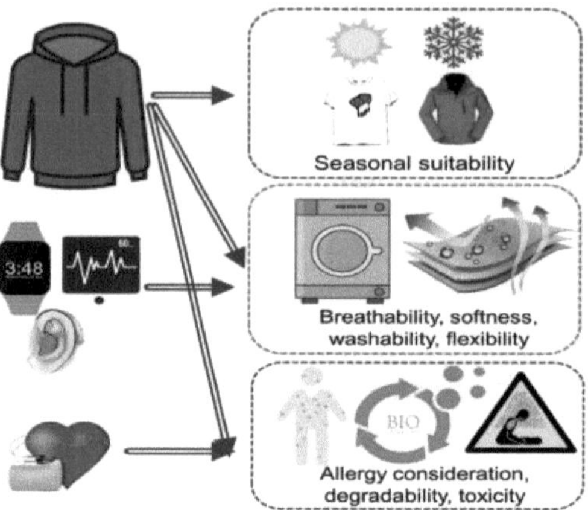

Fig. 24. Factores de preparação de F-TEDs vestíveis, implantáveis e integradas com vestuário

Foi fabricado um TEG portátil baseado em $Bi_2 Te_3$ caracterizado por uma potência de saída de 1 µW quando sujeito a uma diferença de temperatura de 13°C. As placas cerâmicas do módulo foram fabricadas em Si policristalino, normalmente utilizado na tecnologia IC. Este dispositivo foi aplicado numa T-shirt, aproveitando assim o calor libertado pela pele do peito do indivíduo. Esta aplicação tem um enorme potencial, uma vez que a pessoa não tem de usar qualquer item adicional, mas a energia é gerada a partir da T-shirt que usaria de qualquer forma durante a atividade física (Figura 24).

1.12.2. Redes de sensores sem fios (RSSF)

As redes de sensores sem fios (RSSF) coordenam a comunicação sem fios com redes de sensores inteligentes e avançadas. Atualmente, estes sistemas funcionam com pilhas descartáveis, que libertam substâncias químicas poluentes após a sua utilização (i.e., Pb, Cr, Cd, etc.). A obtenção de RSSF sem pilhas seria importante para a implementação de tecnologias ecológicas em indústrias futuras. Como os nós sensores nestes dispositivos são miniaturizados (à escala microscópica), os termopares devem ser muito sensíveis aos gradientes de temperatura e limitados nas suas dimensões. Normalmente, as RSSF em modo ativo requerem uma potência de entrada na ordem dos 10 a 100 μW, e em modo de repouso de 10 a 50 μW. As RSSF são aplicadas onde são utilizados sistemas de controlo remoto, como condutas de calor, aquecedores de água, aquecimento central e sistemas de ar condicionado, abrangendo assim a gestão energética de edifícios e a indústria. Além disso, estes sistemas são utilizados no domínio militar, onde os sensores são utilizados para a segurança de aeronaves e testes de voo. Uma WSN alimentada por TE para deteção ambiental de baixo custo em estruturas externas de edifícios (gestão de energia de edifícios, BEM) através da recolha de energia e da gestão de potência ultra-baixa. O sistema foi concebido numa estrutura de janela, explorando a diferença de temperatura entre o interior do edifício e o ambiente exterior. A parte experimental foi realizada utilizando o sistema de baixo consumo num chip com funcionalidades sem fios e Bluetooth ESP32 da Systems como nó WSN; consome 0,42 mW a cada 2 h. O sistema construído com um TEG comercial gerou 1,5 mW sob um gradiente de temperatura de 6 ◦C, mais do que suficiente para alimentar o sistema.

Foi fabricado um TEG flexível aplicável a sistemas comerciais de isolamento de tubos de aço para alimentar o microcontrolador para medições de temperatura. O fabrico foi efectuado por impressão serigráfica de tintas comerciais de baixo custo de Ag e Ni num substrato de poliimida com 125 μm de espessura. O dispositivo produziu uma potência de saída de 308 μW quando sujeito a uma diferença de temperatura de

127 K, o que é suficiente para alimentar um circuito comercial normal de deteção de temperatura. Foi demonstrado alimentando um sistema RFduino normal que envia leituras de temperatura do ambiente local de 30 em 30 segundos para um telemóvel através de funcionalidades Bluetooth. Foi desenvolvido um captador de energia termoeléctrica para substituir uma bateria descartável de 20 Ah para um sensor de qualidade da água sem fios localizado numa conduta de água. Este dispositivo foi construído diretamente na superfície da tubagem utilizando TEGs comerciais à base de telureto de bismuto, explorando assim a diferença de temperatura entre a parede da tubagem e o ambiente externo. O dispositivo que transmite os resultados da medição da água por Bluetooth foi alimentado com êxito. Demonstrou-se que, com uma diferença de temperatura de até 2 K, o dispositivo gerava até 2 mW, o suficiente para alimentar o sensor sem fios.

1.12.3. Automóvel

Os elevados custos do combustível e as elevadas emissões de dióxido de carbono (CO_2) estão a forçar a indústria automóvel a estudar novas soluções para melhorar o desempenho dos motores. Muitas empresas estão a mostrar grande interesse nos geradores termoeléctricos para resolver estas questões. Os estudos modernos visam a introdução de TEG que possam converter o calor proveniente da combustão interna, assim desperdiçado pelo escape do motor, em energia eléctrica nos veículos comerciais. Dependendo da velocidade e da classe do automóvel, a temperatura da fonte no motor pode variar entre 100 e 800° C, com uma potência térmica de até 10 kW. A utilização deste calor seria vital para aumentar o desempenho do motor e para alimentar dispositivos adicionais no carro (sistema de navegação, telemática, etc.), sendo assim útil na redução da poluição atmosférica. Nesta aplicação, devem ser utilizados módulos termoeléctricos segmentados: a vasta gama de temperaturas a que estão sujeitos os TEGs exige propriedades diferentes para o módulo. Foram apresentadas duas localizações diferentes para os TEG: entre a superfície do radiador e as alhetas (diferença máxima de temperatura de 80° C) e no sistema de calor de escape (o calor pode ser mais elevado do que no caso anterior, de tal forma que podem ser necessários TEG de forma complexa). Ao discutir esta aplicação, é mencionado o termo "poupança de energia", que se refere à poupança no consumo de combustível, nos custos e nas emissões de CO_2 .

Um gerador termoelétrico comercial baseado em $Bi_2 Te_3$ foi aplicado no escape de dois motores diferentes para demonstrar a elevada recuperação de energia em motores de ignição por faísca (diesel utilizado como combustível) e de ignição por compressão (gasolina utilizada como combustível) nos modelos de automóveis Ford Ecoboost e Nissan YD22, respetivamente. A diferença de temperatura aplicada foi de 50° C; aplicaram também diferentes modos para o motor (diferentes rotações por minuto, rpm; binário, Nm; e diferentes potências do motor, kW). No entanto, para o motor a gasolina (1700 rpm, 60 Nm e 10,7 kW), o TEG gerou uma potência de saída de 16,6 W (potencial de poupança de energia de 0,37%); para o motor a gasóleo (1250 rpm, 80 Nm e 10,5 kW), o TEG gerou uma potência de saída de 41,6 W (potencial de poupança de energia de 0,84%). A energia gerada é suficiente para alimentar possivelmente mais do que um dispositivo elétrico no carro (como um navegador) (Figura 25).

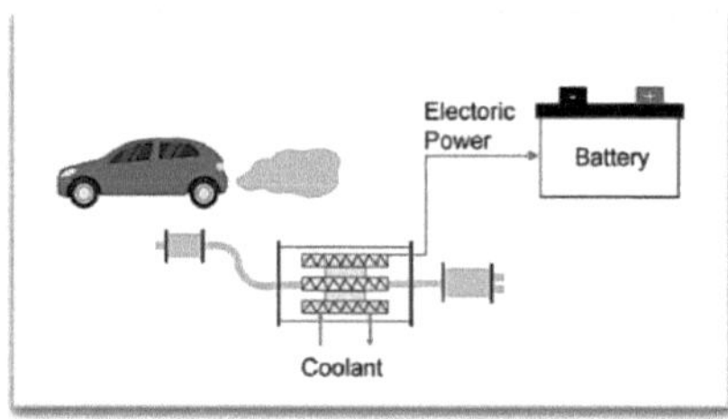

Fig. 25. Esquema do gerador termoelétrico para automóveis

O TEG foi montado no escape de um motor diesel V6 de 3,0 L. O dispositivo era constituído por oito módulos TE comerciais baseados em $Bi_2 Te_3$ distribuídos no sistema de escape. O dispositivo TE gerou até 37,85 W quando o motor estava a funcionar a 4000 rpm, sem binário aplicado e com uma diferença de temperatura de 50° C; calcularam que isto poderia resultar numa potencial poupança de energia de 1,57%.

1.12.4. Aeroespacial

Os TEGs para a indústria aeroespacial, ou geradores termoeléctricos de radioisótopos (RTGs), estão espalhados por naves espaciais, satélites e sondas espaciais. Estes dispositivos utilizam o calor transferido por materiais radioactivos que sofrem decaimento natural para gerar eletricidade. Ao longo dos anos, foram utilizados diferentes isótopos (Cério-144, Polónio-210, etc.), mas o melhor, e ainda em uso, é o Plutónio-238: o elevado ponto de fusão, a baixa radiação gama e a elevada semi-vida (quase 90 anos) fazem dele a melhor escolha para esta aplicação. Os dispositivos devem ser fabricados com materiais TE que funcionem a altas temperaturas; normalmente, utiliza-se PbSnTe como p-legs e $(GeTe)_{85}$ $(AgSbTe)_{215}$ (conhecidas como ligas TAGS) como n-legs. No passado, o SiGe era também frequentemente utilizado. Atualmente, os custos de fabrico de um único RTG são enormes devido aos elevados custos de proteção da segurança e à baixa eliminação do Pu-238 (1968 dólares por grama): é necessário melhorar o sistema de alimentação de radioisótopos. Em 1989, a NASA lançou a nave espacial Galileu, que foi instalada com o primeiro módulo, conhecido como GPHS-RTG. A fonte térmica era Pu-238 e o TEG foi montado em 18 módulos SiGe/SiMo. O lado quente funcionava a 1308 K e o lado frio a 566 K, o dispositivo fornecia 245 W de energia eléctrica. Cerca de 15 anos mais tarde, foram instalados RTGs de nova geração em naves espaciais. O Multi-Mission Radioisotope TEG (MMRTG) alimentado por Pu-238 foi montado na sonda espacial Pioneer 10 para exploração do espaço exterior. Os dispositivos eram constituídos por 16 módulos PbTe/TAGS, em que as pernas quentes funcionavam a 510° C e as frias a 121° C. O sistema funcionou durante mais tempo do que o previsto e gerava uma potência de 110 W (Figura 26).

Fig. 26. MMRTG-cortaway

Atualmente, estão a ser estudadas novas soluções. Foi fabricado um MMRTG alimentado com Pu-238 e composto por 768 termopares à base de skutterudite. Os lados quentes do sistema funcionaram a 625° C e os frios a 200° C, gerando até 105 W de potência eléctrica; apesar de serem compostos por materiais não convencionais para esta aplicação, o seu valor de potência está na gama dos outros MMRTGs

1.12.5. Dispositivos electrónicos e microelectrónicos

No estudo dos dispositivos microelectrónicos, são abordados produtos como os circuitos miniaturizados, os circuitos integrados e as unidades centrais de processamento (CPU). Atualmente, os processadores podem produzir uma potência térmica entre 6 e 320W e desperdiçar calor até 110° C. Em geral, este calor deve ser removido ou utilizado para arrefecer o dispositivo através de tecnologias de gestão térmica, a fim de garantir uma vida útil mais longa e um melhor desempenho da bateria; a falta de arrefecimento nestes utilitários pode levar esta tecnologia a terminar prematuramente a sua vida útil e a funcionar mal. Os sistemas de arrefecimento convencionais para eletrónica (ventoinhas rotativas e tubos de arrefecimento) foram bem sucedidos no passado, mas com o advento da microeletrónica e o seu rápido avanço tecnológico, perderam parcialmente a sua utilidade. Este avanço tecnológico limitou o número de sistemas de arrefecimento aplicáveis a estas tecnologias desde o aumento da densidade dos componentes e da geração de fluxo de calor (diminuição do tamanho dos dispositivos electrónicos).

As utilidades electrónicas do mercado 2011-2012, analisadas em 2013, mostraram que o fabrico de computadores portáteis de pequena dimensão cresceu cerca de 10 vezes nesses dois anos. Isto evidencia que existe uma necessidade urgente de desenvolver módulos térmicos que assegurem a funcionalidade de pequenos dispositivos electrónicos em termos de tamanho, capacidade de transporte de calor e fiabilidade; o principal obstáculo agora é a incapacidade de atingir densidades de potência suficientes para fornecer uma potência de saída adequada aos actuais dispositivos microelectrónicos, que têm áreas da ordem dos mm. Atualmente, os dispositivos termoeléctricos comercialmente disponíveis para a microeletrónica são micro-arrefecedores termoeléctricos integrados (ITM), que são utilizados para estabilizar a temperatura de lasers de estado sólido, arrefecer detectores de infravermelhos e melhorar o desempenho de circuitos integrados. As dimensões dos refrigeradores termoeléctricos disponíveis no mercado variam entre cerca de 50 × 50 × 5 mm e um limite inferior de cerca de 4 × 4 × 3 mm. Estes dispositivos estão estruturados como módulos Peltier e baseiam-se geralmente em ligas de telureto de bismuto ou em carboneto de silício (SiC) sobre substratos de SiO_2 . Como exemplo válido, foi fabricado um refrigerador microtermoeléctrico baseado em telureto de bismuto (tipo n Bi_2Te_3 e tipo p Sb_2Te_3) em configuração mista e em ponte, destinando-se o dispositivo a ser aplicado em circuitos integrados, e quando é aplicada uma corrente de 80 mA, o gradiente de temperatura gerado foi de 5.6 K.

Quanto aos TEG, podem ser aplicados em nichos de aplicações em que o seu custo é uma preocupação secundária; por conseguinte, a escalabilidade em grande escala ainda não foi alcançada. A aplicação mais discutida dos TEG na microeletrónica é nas RSSF e em tecnologias como os computadores portáteis, os smartphones e os tablets; por conseguinte, se identificarmos "microeletrónica" como qualquer domínio da tecnologia em que sejam necessários microcomponentes, então esta gama de aplicações é extremamente vasta. A tecnologia mais estudada é a dos filmes finos, uma vez que as dimensões miniaturizadas das dotações para eventuais micro-TEGs. A título de exemplo, um dispositivo microelectrónico rígido (área < 1 mm^2) em $Si_{0.97}Ge_{0.03}$ foi fabricado utilizando silício padrão por processamento (os poços n^+ foram fabricados através da implantação de iões de arsénio, As, e de iões de fósforo, P, em $Si_{0.97}$ $Ge_{0.03}$. Os poços p^+ foram preparados através da implantação de iões de boro, B, no material); estes microTEGs seriam adequados para integração no chip ou no pacote com ICs autónomos em termos de energia. Quando a diferença de temperatura aplicada era igual a 15 K, o dispositivo produzia uma potência de saída de 0,3 μW. As dimensões totais do módulo eram de 15,7 × 19,8 μm, enquanto o termoelemento único tinha 80 × 750 nm e cada lâmina das quatro que compõem o módulo tinha 65 nm. A comparação com dispositivos microelectrónicos comerciais baseados em telureto de bismuto demonstrou que esta tecnologia tem um bom potencial para aplicações futuras.

1.13. CONCLUSÃO

Os dispositivos termoeléctricos são muito promissores para uma variedade de aplicações devido à sua capacidade única de converter diretamente calor em eletricidade e vice-versa. A sua natureza de estado sólido, sem partes móveis, oferece vantagens em termos de durabilidade, baixa manutenção e longos períodos de vida operacional. Na produção de energia, os geradores termoeléctricos (TEG) são cada vez mais utilizados em sistemas de recuperação de calor residual, alimentando sensores remotos e fornecendo energia em aplicações espaciais. No que diz respeito ao arrefecimento, os refrigeradores termoeléctricos (TEC) são aplicados no arrefecimento de precisão de dispositivos electrónicos, instrumentos médicos e até frigoríficos portáteis. Apesar destas vantagens, os dispositivos termoeléctricos enfrentam atualmente limitações em termos de eficiência, o que constitui um obstáculo significativo à sua adoção generalizada, nomeadamente na produção de energia em grande escala. Os avanços na ciência dos materiais, em particular no desenvolvimento de novos materiais termoeléctricos com valores mais elevados de figura de mérito (ZT), são essenciais para melhorar o desempenho. Além disso, a integração de dispositivos termoeléctricos em sistemas híbridos e a exploração da engenharia à nanoescala podem desbloquear outras potencialidades.

Em conclusão, embora a tecnologia termoeléctrica já esteja a dar contributos impactantes em aplicações de nicho, os esforços contínuos de investigação e desenvolvimento são cruciais para ultrapassar as actuais limitações e expandir a sua utilização. À medida que os materiais melhoram e os custos diminuem, os dispositivos termoeléctricos têm potencial para desempenhar um papel vital nos sistemas energéticos sustentáveis, contribuindo para a eficiência energética e a redução das emissões de gases com efeito de estufa.

REFERÊNCIAS

1. T. Cao, X. L. Shi, Z. G. Chen, Advances in the design and assembly of a flexible thermoelectric device, *Prog. Mater. Sci.*, **2023**, 131, 101003.

2. R He, G. Schierning, K. Nielsch, Dispositivos Termoeléctricos: A Review of Devices, Architectures, and Contact Optimization, *Adv. Mater. Technol.* **2018**, 1700256.

3. D Enescu, Thermoelectric Energy Harvesting: Princípios básicos e aplicações, *Green Energy Advances. IntechOpen* **2019**. EBOOK (PDF) ISBN978-1-83962-051-5.

4. H. J. You, H. S. Chu, W. J. Li, W. L. Lee, Influência de diferentes materiais de substrato no módulo termoelétrico com pernas em massa, *J. Power Sources*, **2019**, 438, 227055.

5. M. Tewolde, G. Fu, D. J. Hwang, L. Zuo, S. Sampath, J. P. Longtin, Fabricação de dispositivos termoeléctricos utilizando pulverização térmica e microusinagem a laser, *J. Therm. Spray Technol,* **2016**, 25(3), 431.

6. G. Tan, L. D. Zhao, M. G. Kanatzidis, Projetando racionalmente materiais termoelétricos a granel de alto desempenho, *Chem. Rev.* **2016**, 116, 12123-12149.

7. M. Angelo, C. Galassi, N. Lecis, Thermoelectric Materials and Applications: A Review, *Energies* **2023**, 16, 6409.

8. D. Champier, Geradores termoeléctricos: Uma revisão das aplicações. *Energy Convers. Manag.* **2017**, 140, 167-181.

9. N. Jaziri, A. Boughamoura, J. Muller, B. Mezghani, F. Tounsi, M. Ismail, A Comprehensive Review of Thermoelectric Generators: Tecnologias e aplicações comuns. *Energy Rep.* **2020**, 6, 264.

10. Z. G Shen, L. L. Tian,X. Liu, Automotive exhaust thermoelectric generators: Estado atual, desafios e perspectivas futuras. *Energy Convers. Manag.* **2019**, 195, 1138-1173.

11. Z. Wu, S. Zhang ,Z. Liu, E. Mu, Z Hu, conversor termoelétrico: Estratégias de materiais para aplicação de dispositivos. *Nano Energy*, **2021**, 91, 106692.

12. S. M. Pourkiaei, M. H. Ahmadi, M. Sadeghzadeh, S. Moosavi, F. Pourfayaz, L. Chen, M. A. P. Yazdi,R. Kumar, Dispositivos de arrefecimento termoelétrico e de geração termoeléctrica: Uma revisão das aplicações atuais e potenciais, modelagem e materiais. *Energia,* **2019**, 186, 115849.

13. X. Wang, R. Liang, P. Fisher, W. Chan, J. Xu, Critical Design Features of Thermal-Based Radioisotope Generators: A Review of the Power Solution for Polar Regions and Space. *Renew. Sustain. Energy Rev.,* **2020**, 119, 109572.

14. K. M. F. Izumi, VESTA 3 for Three-Dimensional Visualization of Crystal, Volumetric and Morphology Data. *J. Appl. Cryst.* **2011**, 44, 1272-1276.

15. R. J. Quinn,J. W. G. Bos, Advances in half-Heusler alloys for thermoelectric power generation. *Mater. Adv.* **2021**, 2, 6246-6266.

16. F. Zhang, Y. Zang, D. Huang, D. Zhu, Sensores de duplo parâmetro de temperatura-pressão flexíveis e auto-alimentados utilizando materiais termoeléctricos orgânicos suportados por estruturas microscópicas, *Nat. Commun.* **2015**, 6, 8356.

17. J. H. Meng, X. D. Wang, W. H. Chen. Investigação do desempenho e otimização do design de um gerador termoelétrico aplicado na recuperação do calor residual dos gases de escape dos automóveis. *Energy Convers. Manag.* **2016**, 120, 71-80.

18. P. Aranguren, M. Araiz, D. Astrain, A. Martínez, Thermoelectric generators for waste heat harvesting: a computational and experimental approach, *Energy Convers. Manag*. **2017**, 148, 680-691.

19. Y. Guo, C. Dun, J. Xu, P. Li, W. Huang, J. Mu, C. Hou, C.A. Hewitt, Q. Zhang, Y. Li, D.L. Carroll, H. Wang, Dispositivos termoeléctricos vestíveis baseados em MoS bidimensional decorado com Au_2 , *ACS Appl. Mater. Interfaces*, **2018**, 10, 33316-33321.

20. J. Guo, X. Zhao, T. H. D. Beauvoir, J. H. Seo, S. S. Berbano, A. L. Baker, C. Azina, C. A. Randall, Recent Progress in Applications of the Cold Sintering Process for Ceramic-Polymer Composites, *Adv. Funct. Mater.*, **2018**, 28, 1801724.

21. B. Zhao, M. Hu, X. Ao, Q. Xuan, Z. Song, G. Pei , Is it possible for a photovoltaic-thermoelectric device to generate electricity at night?, *Sol. Energy Mater Sol. Cells,* **2021**, 228, 111136.

22. J. P. R. Suarez, B. M. Delgado, M. S. O. abril, Estudo do efeito Thomson no desempenho de módulos termoeléctricos com aplicação à recuperação de energia, **2020**, *J. Phys: Conf. Ser.* 1708, 012022.

Printed by Books on Demand GmbH, Norderstedt / Germany